心理育儿书系005
父母与孩子的心灵通路

图书在版编目（CIP）数据

宝贝，你在想什么：2~12岁孩子内心世界独家透析/（英）布鲁尔，（英）卡汀著；白云云，冯伟，冯丽娟译—北京：科学普及出版社，2012

ISBN 978-7-110-07776-4

Ⅰ.①宝… Ⅱ.①布… ②卡… ③白… ④冯… ⑤冯… Ⅲ.①儿童心理学—研究 Ⅳ.①B844.1

中国版本图书馆CIP数据核字（2012）第118889号

A CHILD'S WORLD: A UNIQUE INSIGHT INTO HOW CHILDREN THINK
By DR SARAH BREWER WITH DR ALEX CUTTING
Copyright: © 2001 BY DR SARAH BREWER
This edition arranged with THE MARSH AGENCY LTD
through BIG APPLE AGENCY, INC., LABUAN, MALAYSIA.
Simplified Chinese edition copyright:
2012 Popular Science Press (alias: China Science and Technology Press)
All rights reserved.
版权所有 侵权必究
著作权合同登记号：01-2011-5803

出 版 人	苏 青
策划编辑	任 洪
责任编辑	侯满茹 何红哲
责任校对	王勤杰
责任印制	张建农
封面设计	吴风泽
版式设计	青青虫工作室

出版发行	科学普及出版社
地　　址	北京市海淀区中关村南大街16号
邮　　编	100081
发行电话	010-62173865
传　　真	010-62179148
投稿电话	010-62103315
网　　址	http://www.cspbooks.com.cn

开　　本	880mm×1230mm 1/32
字　　数	165千字
印　　张	8.625
版　　次	2012年10月第1版
印　　次	2012年10月第1次印刷
印　　刷	北京长宁印刷有限公司印刷

书　　号	ISBN 978-7-110-07776-4/B·56
定　　价	29.00元

（凡购买本社图书，如有缺失、倒页、脱页者，本社发行部负责调换）

本社图书贴有防伪标志，未贴为盗版

宝贝，你在想什么

2~12岁孩子内心世界独家透析

（英） 莎拉·布鲁尔 博士
亚历克斯·卡汀 博士 著
白云云 冯 伟 冯丽娟 译

科学普及出版社
·北京·

序

今天，随便步入一家大众书店，几乎都会有琳琅满目的育儿书籍映入眼帘——从沉甸甸的儿童教科书到轻便的育儿口袋书，从个人儿时趣事到儿童发育特定领域的专著，应有尽有。这些书固然重要，然而《宝贝，你在想什么》却独具特色。**本书集中研究了人生旅途中最重要的一段时光——2~12岁，它将带你真正走进孩子的世界，感其所感，见其所见。**不仅如此，本书的独到之处还在于集中研究了儿童发展的六个领域，这些也正是人性的重要组成部分。通过荟萃儿童发展领域多年的研究成果，并结合父母对孩子行为的观察描述，本书对孩子的内心世界提出了独到的见解。

参与《宝贝，你在想什么》的创作，始终让人激情澎湃。这一项目的创意最早源于Wall to Wall电视台。继以孩子的视角表现婴儿成长的系列节目《宝贝，是你》获艾美奖之后，电视台希望深入挖掘这一题材。孩子的世界是什么样的？孩子对周围事物和人的认识是如何发展的？婴儿期和成年期之间有什么必然的联系？

孩子的认知能力——思考问题、分析问题和解决问题的能力，在2～12岁之间会发生惊人的变化。蹒跚学步小孩的思考能力十分惊人，当然与成人相比还非常有限；但到了12岁左右时，孩子的思考能力就足以和成人相媲美了。**这10年中，孩子的认知能力提高幅度非常之大，超过了人生中的任何其他阶段。同样，这10年中，孩子的社交能力也会发生极大变化。**短短10年间，孩子从蹒跚学步、牙牙学语、不懂交朋友的"花蕾"，成长为独立思考、八面玲珑的"万事通"少年。重申一次——人生中再没有哪个阶段，社交能力会变化得如此之大！

继《宝贝，是你》之后，世界著名的认知发展专家——安妮特·卡米洛夫-史密斯再次同意担任《宝贝，你在想什么》系列节目的顾问。Wall to Wall电视台《宝贝，你在想什么》系列节目创作团队，特别是制片人路易丝·罗塔、助理制片人罗斯·黛和研究员安迪·布朗开始紧锣密鼓地策划节目。他们认为，节目应该对社交发展和认知发展领域的研究成果兼收并蓄——这两个领域正是我的专长。同时，我对这两个领域之间的联系也颇感兴趣，这点就更重要了。孩子并不是在真空中思考的，而是从一出生就受到他人的影响。当然，如果没有思考能力、推理能力和学习能力，社交能力也无法发展。所以，虽然许多教科书把社交发展和认知发展讲成是两个互相独立的领域，但两者实际上是相辅相成、共同促进的。

于是，我遵从安妮特·卡米洛夫-史密斯的建议，参与了这个项目。现在回想起来，那天下午电视台制片团队的几名成员来到我办公室，向我咨询一些难题时，这个项目就算展开了。到底什么是读心能力？为什么孩子不会说善意的谎言？如何才能知道孩子是否对道德有所了解？孩子从什么时候开始结交真正的朋友？我原来设想的一次简短会晤，却开启了一项长久而富有成效的合作。

随着系列节目的进展，我们把初期的一连串建议凝练成六个课题。每个课题各制作成一集节目，即本书的一章。为了避免性别、种族、宗教或文化的影响，从本质上揭示儿童发展的普遍规律，路易丝及其团队**把重点放在了儿童发展的关键10年中的关键问题。例如，理解他人及其行为；学会撒谎；知道性别及其重要性；以错综复杂的方式思考；了解人的生命周期；成长为独立自主的成人。**当然，儿童发展的其他方面也很重要，但本书研究的这六个领域人皆有之，是其他方面发展的基础。

这些方面的发展规律虽然具有普遍性，但我认为还是应该强调一下因人而异这一点的重要性。人类发展的各个方面都存在差异，这是人类的固有属性，也是我们得以生存、繁衍和进化的基础。在《宝贝，你在想什么》中，各个发展阶段的年龄只是大致

序 3

取平均值。一部分孩子可能略早达到某个阶段,而另一部分孩子则可能稍晚些,这两种情况均属正常。与此类似,每个孩子的各个发展阶段所处的年龄也各不相同,但所有孩子的发展顺序则是一致的。例如,一些孩子在会走路之前要爬几个月,而有些孩子则几乎跳过爬这个阶段,直接就学会了走,但没有哪个孩子先学走后学爬。

在我看来,选这六个课题实属大胆的开创之举。这些课题相当复杂,即便是一些儿童发展领域的专家、学者也未必能完全吃透。然而,Wall to Wall电视台竟然下决心要通过电视媒体和配套书籍,清晰展现和解释这些概念——他们成功了!

《宝贝,你在想什么》系列节目和本书背后付出了大量心血。制片人路易丝精力充沛,罗斯和安迪的激情和果断同样感人,其他工作人员也都全心投入,不胜枚举。他们曾经多次致电、致信于我,要么为了澄清一个观点,要么为了了解更多资料,要么为了提出更难的问题!在此,特别应当提一提罗斯,她提出了像"记忆力到底在哪里""你能告诉我人们一分钟有多少个想法"之类的问题。这些问题学术界至今也无人真正知晓——**点滴细节体现了《宝贝,你在想什么》创作团队付出了几多艰辛、几多耕耘!**

为了打造真正一流的系列节目,项目团队成员加班加点地自学了大量的儿童心理学课程,远远超过了我希望我的学生在一年内所学的内容。六集30分钟的系列节目也是长期跟踪、长期拍摄的结果。在抓拍一个孩子自然表现的镜头时,摄制组竟然为了短短10秒的片断，耐心试拍多达25次！

电视节目的时间有限、内容有限，相形之下，这本书的内容则更为翔实。**本书还从广大家长、孩子的问卷调查中收到了大量有益的反馈信息，这点极其重要。**在安妮特的协助下，Wall to Wall电视台向200多位家长发出了详细的问卷调查表，询问孩子的发育状况，收集孩子的趣闻轶事，用于举例说明书中所涉课题。参与问卷调查的家长和孩子有在伦敦、迈阿密、佛罗里达招募的志愿者；有从学校、托儿所、诊所甚至童装店内发布广告招募的志愿者；还有一些是《宝贝，是你》的影迷。伦敦市的三所学校——肯特镇的里尔学校、海格特的圣迈克尔学校和伦敦美式学校也参与了问卷调查。

最后，作者莎拉·布鲁尔精心筛选了家长的发言，悉心整理电视台多名调研人员堆积如山的笔记，不断删改剧本，最终形成了这本令人爱不释手的书。**莎拉具有丰富的健康和儿童类书籍创作经验，但写作本书所花的时间在她的创作生涯中则当属首屈一指。**作为本书的顾问，为了向读者呈现最清晰的视野，我对本书进行了编辑和完善，并为此倍感荣幸。本书不仅面向广大家长，而且面向相关专业的师生，及所有对儿童发展研究感兴趣的人。曾经少年，尽享此书！

亚历克斯·卡汀

目 录 >>> CONTENTS

第一章　小小读心者

读心能力，是人类特有的一种能力。乍一听似乎比较复杂，甚至有点玄乎，不过我们确实无时无刻不在下意识地使用这种能力。

01　浑然一体的我....4

▋▋▋ 孩子发展为社会性个体的第一步，是认识到自己与他人是相互分离的个体。6个月大时，孩子自我意识的火花开始迸发。到2岁时，孩子的自我认识能力发育成熟。

02　自我情感萌发....7

▋▋▋ 满1岁时，孩子至少表现出六种重要的情感，即：喜、惊、哀、怒、惧、厌。尴尬和嫉妒大约在18~24个月大时出现；骄傲、羞愧和内疚则大概在36个月大时出现。

03　知己尚不知彼....9

▋▋▋ 2岁时，孩子具备了明显的自我意识，但仍然意识不到别人也有"自我"。这时孩子的言行举止看似十分自私，但心理学家认为事实并非如此。

04　只有自我角度....13

▋▋▋ 孩子虽然有了自我意识，但仍然认为别人的想法和自己的一样。在这个年龄段，孩子还不知道从其他角度看问题，因此更想不到换个角度看问题。

05 **自说自话，平行游戏....15**
　　▮▮▮ 2岁的孩子还不能共同玩耍，他们只是在别人旁边玩耍，心理学家称之为"平行游戏"。他们尚无法与他人分享想法和感受。

06 **假装能力，换位思考....19**
　　▮▮▮ 到3岁时，大部分孩子都具备了娴熟的"假装能力"，知道可以将现实掌控于头脑之中。这一时期，孩子在读心能力发展之路上又迈出了关键一步。

07 **初具读心能力....23**
　　▮▮▮ 读心能力的发展是渐进式的，孩子不会出现突然之间什么都懂的"灵光一现"时刻。一般来说，孩子在3~4岁时就具备了读心能力。

08 **开启全新世界....30**
　　▮▮▮ 6~7岁时，孩子开始发展同时读懂多人心思的能力，从而形成更大的读心网络。具备读心能力后，孩子的友谊也有了全新意义。

09 **也有消极一面....41**
　　▮▮▮ 现在，孩子可以随心所欲地以消极或积极的方式应用读心能力。他们通过掌控别人的想法，或者故意让人伤心，或者想尽办法讨好别人。

第二章 撒谎游戏

撒谎确实是一种重要能力，孩子必须学会合理地利用这一能力。很显然，如果孩子学不会适当撒谎，他们以后就会变成社会生活的弃儿。

01 人之初，性习得....48

孩子刚出生时并不知道什么是对，什么是错。然而，孩子很快就意识到，"好"行为会受到表扬或善待，而"坏"表现会遭到反对或责备。

02 引注意，避麻烦....52

2~3岁时，孩子开始玩弄是非观念，经常试着推脱责任。对2岁孩子来说，这种行为只是为了避免麻烦，而不是把过错归罪于他人的故意欺骗行为。

03 学规则，明事理....57

到3岁时，大部分孩子已经开始形成对好或坏行为的认识。在这个发展阶段，孩子似乎会故意做错事，以此来考验成人定下的规矩。

04 爱幻想，非谎言....61

3~4岁的孩子还分不清"幻想"与"谎言"之间的细微区别，他们常常"夸大事实"或者给现实赋予不同的"版本"。

05　学骗人，试对错....65

▌▌▌这个阶段的孩子会尝试不同的谎言和行为。反复试错和成人教诲可以帮助孩子知道什么行为是好的或被认可的，什么行为是坏的或不被容忍的。

06　懂道德，守规矩....70

▌▌▌4岁时，孩子已经学会"撒谎"，但他们还不知道"谎言""小谎"和"善意谎言"的区别。4~6岁时，孩子还不能理解道德也存在灰色地带。孩子如果看到有人违反这些规则，他们就会对其予以批评。

07　撒小谎，巧变通....77

▌▌▌孩子极其黑白分明的道德思考方式现在发展了，容许存在一些灰色地带。他们逐渐意识到，善意的谎言有时在社交场合也可以接受。

08　善撒谎，渐成熟....81

▌▌▌发现善意的谎言和学着玩撒谎游戏是儿童发展的一个重要阶段。这意味着孩子现在知道别人也有自己的需求，并能在特定时间隐瞒或伪装自己的真实情感。

第三章 男女之别

我们在看世界时往往戴着"性别色彩"眼镜，这影响了我们的言行举止、思考方式和待人接物。随着孩子不断长大，他们慢慢会知道与性别有关的社会规则。

01 性别意识，先天还是后天....89

先天因素和后天因素都会对特定性别行为的形成具有重要影响。生理学差异会影响到行为。与此同时，成人对待男孩、女孩的方式也存在明显差异。

02 男孩女孩，性别仅是标签....96

几乎孩子一学会说话，就能说出自己是男孩还是女孩。这并不是说2岁孩子知道性别的真正含义。在这个阶段，男孩或女孩这个词只是个标签。

03 男女有别，性别界限分明....99

到3岁时，孩子对性别的真正含义有了更清楚的认识。知道了"男孩做什么"和"女孩做什么"的规则，努力在男孩与女孩之间划出清晰的界限。

04 模仿成人，性别角色学习....102

模仿，尤其是成人对孩子模仿行为的态度，微妙地促进了孩子性别意识的形成，教他们学会了与自己性别相符的行为方式。

05　装扮可改，性别恒常不变....106

▉▉▉ 4岁时，孩子仍不能完全理解性别的恒常性，以为换性别像换衣服那么容易。比较生殖器官的差异，是孩子认识性别本质和恒久性的最后一步。

06　性别隔离，喜欢同性玩伴....112

▉▉▉ 性别隔离最早出现在2岁时，通常在3岁时就已形成。4岁时，孩子与同性孩子交往的时间大约是与异性孩子交往时间的3倍，到6岁时则是11倍。

07　角色互换，性别规则变通....119

▉▉▉ 到7岁左右，孩子会认识到自己以往理解的性别规则并非一成不变，女孩可以做通常认为是男孩该做的事，男孩也可以做女孩该做的事。

第四章　思考能力

我们应用已经记忆的信息，加以思考，形成新的结论和观点，这就是思考能力。这是人类优于地球上所有其他物种的一种能力。

01　积极探索....126

▉▉▉ 刚出生的几个月内，婴儿与外界打交道主要是靠行动，而不是靠思想。到18个月大时，孩子就已经成了探索世界的"专家"。

02　开始思考....130
　　▬▬▬ 假装游戏是锻炼思考能力的最坚定一步。学会"假装能力"的孩子，能在脑海中以想象的方式表达世界，这正是成人思考能力的基石。

03　符号世界....133
　　▬▬▬ 孩子要走入花花世界，让生活变得丰富多彩，就要记住并理解标志、符号和语言。学习使用文字、图画等可以培养孩子的想象力，让孩子展开抽象思维。

04　未雨绸缪....138
　　▬▬▬ 从3岁开始，孩子就可以思考一些更复杂的概念，进行更高级的逻辑推理了，可以不假提示地想起和谈论过去和将来的事。

05　探寻未知....140
　　▬▬▬ 4~5岁的孩子会花更多时间来探索世界，他们反复试验、不断观察，努力探寻世界运行的规律。

06　推理萌芽....144
　　▬▬▬ 4~5岁的孩子离弄清这个世界还有很长的路要走。一些规则孩子还搞不懂，只能靠眼见的表象做出判断，而不是基于逻辑推理。

07　数学概念....148
　　▬▬▬ 6~7岁的孩子可以同时考虑事物的两方面，数学能力也在不断提高。孩子们了解世界的方法变得越来越复杂。

08 运用理论....153

▋▋ 5~6岁时,虽然孩子知道表象与实际的区别,但仍然很难同时兼顾二者,特别是当二者看起来相互矛盾时。8岁孩子可以同时考虑事物的多个方面。

09 抽象思维....156

▋▋ 7~8岁的孩子能够以一刻钟来区分时间,知道物质有不同的物理状态。到9岁,孩子的逻辑思维和抽象思维能力进一步发展。

10 灵活思考....161

▋▋ 11岁时,孩子已经能在脑海中同时考虑几件事情,并对其进行相互对比,提前计划,理性分析,最后形成复杂的理论。

第五章　生命周期

成人当然知道生命自有定数,人人都在从摇篮走向坟墓的路上。但孩子在心智发展到相应水平之前,还不能完全理解生命和死亡等概念。

01 最初直觉....168

▋▋ 新生儿似乎对人具有一种与生俱来的敏感。婴儿表现出对人脸特别感兴趣,仅3个月大的婴儿就能区分生物的运动和机械的运动。

02 活在当前....171

▋▋ 2岁的孩子还只是"活在当前"。在看自己婴儿时期的照片时,蹒跚学步的孩子会认为,那是另外一个孩子,而且自己认识那个孩子。

03 时间概念.....173

■■■ 虽然2~3岁的孩子能非常粗略地认识到过去和未来的区别，有时甚至会谈起过去的事情，但还是无法准确理解时间的概念。

04 马上满足.....180

■■■ 一些孩子"活在现在"，还不理解时间的概念。他们的想法完全被所见所闻掌控。"10分钟后"，对他们意味着"不是现在"，甚至可能是"明年"。

05 理解生物.....183

■■■ 3~4岁的孩子还不能十分确定什么是生物，什么不是生物，他们似乎有"泛灵论"倾向——即倾向于把所有东西，特别是玩具，都当做生物。

06 生生不息.....186

■■■ 到4岁时，孩子开始认识到男女有别，但对生育及性没有真正意义的认识。比较和研究生殖器是孩子最终认识到男女之别和了解性别的关键一步。

07 认知死亡.....190

■■■ 4~5岁后，孩子逐渐认识到人死不会复生，但依然认为死亡与己无关，也不会因为接触死亡而感到伤心。接触动物是孩子理解死亡的常见途径。

08 生命周期....194

▮▮▮ 5岁时孩子的思考方式会发生极大变化。有了时间感后，孩子对生物的生长变化就有了新的认识。不过还是会对比较复杂的生命周期变化感到迷惑。

09 认知生命....199

▮▮▮ 到7岁左右，孩子就能从生物学角度来解释生殖、出生和死亡了。他们知道，生命依赖于食物、水和体内的运行机制。当体内运行停止时，生命就会结束。

10 纵观人生....204

▮▮▮ 随着越来越理解世界的运行方式，孩子变得更加独立，自尊心也越来越强，不再对生命和死亡担忧，而是把注意力集中到现实生活中。

第六章　独立自主

在独立自主之前，孩子必须树立自我意识，学会照顾自己，培养和锻炼适应社会所需的能力，学会用成人的行为规则来规范自己。

01 独立第一步....213

▮▮▮ 自我意识是独立生活能力的必备要素。6个月大的婴儿，开始对陌生人表现出一种全新的行为——戒心或恐惧。这种戒心，在婴儿开始探索眼前的世界时尤为重要。

02 **我要自己做**....217

▋▋▋ 这个年龄的孩子渴望"自己动手",反映了独立自主的意识在萌芽——随着自我意识的不断发展,孩子认识到自己可以掌控自己的小天地。

03 **可怕的两岁**....220

▋▋▋ 2岁的孩子看起来有些调皮,不服从管教,总和父母唱反调,他们的口头禅就是"不""没有""不会"。这也反映了孩子的独立性正在加强。

04 **独立性增强**....224

▋▋▋ 3岁孩子的自我意识更强了。孩子逐渐意识到自己的独立性,也开始珍惜它。看护人允许孩子拥有的独立程度主要取决于所处的文化背景。

05 **挑战新极限**....226

▋▋▋ 4岁时,孩子开始质疑之前遵守的规则,也学会推诿责任,以此来证明自己行为的合理性。随着看护人的不断提醒,孩子逐渐了解了应该遵守的规则。

06 **掌握读心力**....229

▋▋▋ 4岁时,孩子的读心能力开始发育。读心能力能使孩子更好地与人交往,也能使他们认识到不仅自己有独立性,别人也有独立性。

07 隐私的需求....232

▍▍▍ 上学后，小伙伴在孩子的生活中发挥着越来越重要的作用。孩子根据小伙伴对自己的反应重新评价自己，开始对自己的个性形成了新的印象。

08 守游戏规则....237

▍▍▍ 基于规则的游戏在帮助孩子理解长大后要遵守的社会规则方面具有非常重要的作用。孩子还会发明一些游戏，来掌握成人生活中的一些惯例。

09 个人责任感....243

▍▍▍ 7~8岁时，孩子明白，对自己的行为负责是对他人的义务，而且孩子也在不断形成强烈的是非观念。孩子有了个人责任感，驾驭自己行为的能力也相应提高。

10 追求理想我....246

▍▍▍ 到8~9岁时，孩子的朋友群就建立了内部动态机制，孩子经常与同龄人相互比较，从而对自己的价值形成总体印象。

11 独立的人生....250

▍▍▍ 进入青春期后，孩子的独立意识越来越强，责任感也越来越强，这时候，孩子也变得更加理想化，渴望做自己认为对的事。

第一章

小小读心者

　　读心能力,是人类特有的一种能力。乍一听似乎比较复杂,甚至有点玄乎,不过我们确实无时无刻不在下意识地使用这种能力。

你知道自己有读心能力吗？事实上，大部分人都有读心能力。日常生活中，我们总在应用读心能力，或揣摩人们的心思，或猜测他人在特定情形下的感受，或设法洞察他人的意图。

人们的想法、感受和活动往往都以自己对周围事物的认识为基础。为了在纷繁复杂的社会环境中生存，妥善处理各种人际关系，我们必须学会从别人的角度来认识世界。只有通过换位思考，才能了解隐藏在人们言行背后的真实意图，正确地加以应对。

读心能力，是人类特有的一种能力。乍一听似乎比较复杂，甚至有点玄乎，不过我们确实无时无刻不在下意识地使用这种能力。当你想知道牙牙学语的宝宝到底想要什么时，读心能力会立刻领悟宝宝的意图；当一位状态不佳的朋友说她"很好"时，读心能力"本能"地告诉我们她的实际情况并非如此；当有人拿我们开玩笑时，读心能力让我们心领神会，然后反过来开对方的玩笑！

简而言之，读心能力就是根据人们所想、所感，解读其所为的能力。当然，这并不是说有人做出某一特定举动时，我们就一定能准确地知道其想法，但我们确确实实知道他（她）这么做必定有所想，还可以对其想法进行合理猜测。我们对人的理解往往习惯成自然，以至于有人举止怪异时，我们经常会说"他怎么想的"或者"他是不是疯了"。

在许多工作中，了解别人想法和感受的能力是必不可少的。试想一下，一位汽车销售员向三位不同的客户推销同一款车。他知道，三个客户必然是各取所需，所以自己的任务就是弄清每位客户

宝贝，你在想什么
2~12岁孩子内心世界独家透析

的需求，然后强调这款车在特定方面的性能，尽力说服客户这款车正是其所需。

于是，这位销售员可能首先与每位客户交谈，小心翼翼地捕捉客户好恶、想法、感受等方面的蛛丝马迹。一位优秀的销售员除了要努力给客户留下值得信赖和令人喜爱的印象外，还要尽快猜透客户的心思，然后让事情朝着对自己有利的方向努力。对有孩子的家庭，就强调车的安全性能；对年轻的单身汉，就强调车的速度、时尚；对年龄稍大的夫妇，就强调车的经济、实用。每一次，销售员都必须应用读心能力——如果不能巧妙地应用读心能力，客户恐怕连看都不会多看一眼！

在与人交流时，我们也必须依赖读心能力。交流其实就是了解他人想法的过程。当朋友、亲人、搭档、同事和老板与我们沟通时，无论通过聊天、信件、电子邮件、传真，甚至信鸽，我们首先都得要知道他们的想法。现代都市充斥着人们口头交流、电子交流的无数信息。人是社会性动物，读心能力对人来说具有极端重要性。如果揣摩不透他人的心思，就可能因此导致严重问题。事实上，孤独症患者就不具备读心能力，因此严重削弱了他们理解他人的能力和人际交往的能力。准确地讲，孤独症患者简直就是生活在"自己的世界里"。

读心能力纵然如此重要，但并不是与生俱来的，而是来自于我们在漫漫人生路上最初几步中的不断学习，不断磨炼。

> 孩子发展为社会性个体的第一步，是认识到自己与他人是相互分离的个体。6个月大时，孩子自我意识的火花开始迸发。到2岁时，孩子的自我认识能力发育成熟。

01 浑然一体的我

新生儿与人交流的能力十分有限，他们几乎与世隔绝。这也正是我们人生旅途的起点——全然不知道自己有思想，更不知道周围还有无数的人。新生儿似乎还没有个体的概念——不知道什么是自己，哪些是他人。在刚出生的孩子看来，所有人都是自己的一部分，自己也是其他人的一部分，你中有我，我中有他。

孩子发展为社会性个体的第一步，是认识到自己与他人是相互分离的个体。一旦认识到这一点，孩子就开始知道我们都是人，是相互影响但又完全独立的个体。孩子出生时，并不是白纸一张，不过要想在成人的世界里生存，还必须不断学习和培养思维能力。孩子天生就具备一些了解外界和环境的能力，所以从一开始就处在了读心能力阶梯的第一二级。婴儿能够认出自己的同类，例如：听到动物幼崽叫如鸡鸣犬吠时，宝宝并没有反应；但如果听到另一个婴儿哭时，宝宝就会有所反应，好像自己也不高兴一样，此时，如果不加以抚慰或分散宝宝的注意力，他（她）也会哭，至少看起来有点闷闷不乐。这种先天的共哭反射，有时被称为"传染性哭"，这正是医院产房的育婴区哭声不止的原因之一。

孩子在很小时，即出生几个月内，就能辨别成人的脸和小孩的脸。有趣的是，他们还能认出其他婴儿，对其他婴儿的关注要比对大孩子和成人更多。目前，心理学家尚不确切知道这其中的原因，也许是同类相识吧！即孩子在认识到自己是独立的人之前，天生就能认出与自己最相似的人。

不过，孩子很快就开始认识到自己是独立的人。6个月大时，自我意识的火花迸发了，孩子这时候具备了与周围的人、玩具和环境交流的丰富经验。这种现象在双胞胎的父母眼里尤为明显，看看下面的例子。

罗曼和萨凡尔刚出生时，如果一个孩子哭了，我们必须赶在另一个孩子哭之前把他抱起来。他俩太容易相互感染了。他们6个月大时，情况稍微有些好转。除非他俩都饿了，该喂奶了，否则如果一个哭，另一个只是满脸狐疑地看着他，不再跟着哭。

不断增长的自我意识可以用镜子来开发。在3个月大之前，婴儿对自己和他人的模样不太感兴趣。大约4个月大之后，婴儿就开始冲着镜子里的玩具或人笑,还伸手去抓,因为他(她)还不清楚自己看到的仅仅是影像而已。到了10个月时,如果从镜子里看到藏在身后的玩具,婴儿就知道转身去拿。不过这时候他(她)好像还不认识自己,当在镜子里看到自己鼻子或额头上有污点时,还不知道摸鼻子或额头。

大约18个月时,孩子好像才能认识自己的模样。这一点从孩子脸上偶然沾了油漆点后照镜子时的表现就能证明。假定孩子不认识自己,就会伸手去摸镜子,根本不知道油漆点就在自己脸上。然而,到18个月大时,孩子就会摸自己的脸,找到在镜子里看到的油漆点。这说明他(她)的确已经认识自己的模样。到2岁时,自我认识能力已经发育成熟。当2岁大的小孩在照镜子时,如果有人问镜子里是谁,他(她)马上就能答出自己的名字。到了这个年龄,孩子也能准确地从照片中找到自己,开始喊"我""我"。此时,孩子已经有了自我意识,这点毋庸置疑。

> 满1岁时，孩子至少表现出六种重要的情感，即：喜、惊、哀、怒、惧、厌。尴尬和嫉妒大约在18~24个月大时出现；骄傲、羞愧和内疚则大概在36个月大时出现。

02 自我情感萌发

自我意识在孩子的社交生活和情感生活中是必不可少的。满1岁时，孩子对直接接触的世界至少表现出六种重要的人类情感，即：喜（如玩捉迷藏时）、惊（如受到惊吓时）、哀（如独自一人时）、怒（如心爱的玩具掉了，捡不起来时）、惧（如见到陌生人或听到吵闹声时）、厌（如尝试一种不喜欢的新口味时）。这些情感，虽然只是孩子对周围事物的直接反应，但可以有效地促进孩子的性格发展和自我意识的提高。

随着自我意识的发展，孩子逐渐能够体验和表达一些更为复杂的新情感，比如尴尬、骄傲、羞愧、内疚和嫉妒。这些复杂的情感都以自我意识和自主感的发展为基础，分别反映了自我意识的增强或受伤害。一旦孩子开始体验到嫉妒或骄傲等比较复杂的情感时，他（她）就能在考虑自己时顾及他人。因此，这些情感被称为"自我意识情感"。

尴尬和嫉妒只需要以基本的自我意识为基础，大约在18～24个月大时出现；骄傲、羞愧和内疚则大概在36个月大时出现。要体验到羞愧和内疚的情感，孩子不仅要有自我意识，还要有可对照的行为标准。这些情感也被称为"自我意识评价情感"，因为涉及孩子将自己与别人比较，分辨自己是"好"是"坏"，从而相应地增强或减弱自我意识。

自我意识情感主要是从成人的教诲中学到的。例如在不同文化中，人们认为举止怪异是不好的，所以会教给孩子在交往中的正确言行。孩子很快就知道了哪些行为会受到表扬，哪些行为会受到批评。成人的言传身教建立了基本准则，这样孩子就有了对照的标准，知道怎么在社会中正确做人。

▉▉▉ 2岁时，孩子具备了明显的自我意识，但仍然意识不到别人也有"自我"。这时孩子的言行举止看似十分自私，但心理学家认为事实并非如此。

03 知己尚不知彼

孩子一旦有了自我意识，就开始知道"自己"和"别人"的区别。学会与人交往，以及注意到人与人之间的差别，为读心能力的进一步发展奠定了坚实基础。

2岁时，孩子就具备了明确的自我意识，但仍然意识不到别人也有"自我"。这时孩子的言行举止看似十分自私，但心理学家认为事实并非如此。孩子会抢走其他孩子心爱的玩具，甚至拒绝还回去。当小朋友很不高兴时，他（她）依然尽情地玩耍。这种行为极易被成人解释成自私自利。但这个年龄的孩子其实只会考虑到自己要什么，根本不知道别人是否想要这件东西。孩子想要玩一件玩具，但不知道一起玩的小朋友也想玩这件玩具。因此，占有玩具并喊道"我的！"，这在2岁孩子的身上非常具有代表性，下面就是一个典型的例子。

马西姆，2岁。把自己的玩具当成了宝，如果别的孩子拿上一件，他就会大喊大叫，甚至会骂人。

贾森，2岁。和其他孩子在一起玩得很开心，也很喜欢见到他们。他想玩时就表现得彬彬有礼，但有时即使对和他比较亲密的孩子，也会表现得蛮横无理。他曾经打艾伦，不和艾伦分享玩具。

然而，这并不是真的自私。自私是指过分关心自己的需求，而对他人的需求置之不理。2岁的孩子还不知道别人也有需求，所以根本意识不到抢走玩具会让其他孩子不高兴。早期的"玩具之争"其实反映了自我意识在不断增强，孩子越来越理解"我"这个概念。当被抢走玩具的孩子再次抢回玩具时，这场"玩具之争"就为孩子上了一堂关于"我"和"你"之别的早教课。

自我意识情感的萌发和早期的冲突，说明孩子具有了清晰的自我意识，逐渐发现他人的情感和自己的情感有所不同，这是读心能力向前发展的重要一步。知道别人有不同感受，可以帮助孩子发展另外一种重要的社交能力——移情，就像马西姆和利百加一样。

马西姆，2岁。如果他惹怒了我们，就会马上说，"我错了，妈妈"，而且反复说。

利百加，3岁。如果她冲撞了我或者惹怒了我，会马上说,"对不起,妈妈",而且看起来忧心忡忡。这是种新现象。

当看到有人明显伤心时,孩子会尽力安慰。不过,假如不是他(她)自己惹对方不高兴的,那就不太可能安慰了。下面是几个典型例子。

马西姆,2岁。如果他哥哥西奥或菲比亚受伤了或者不高兴时,他就会过去安慰他们。记得有一次,我不小心摔碎了一个我非常喜爱的盘子。菲比亚当时才3岁,他竟然知道我很不高兴,张开双臂给了我个拥抱。

贾森,3岁。最近我膝盖受伤了,他竟然温柔地给我揉了揉,还亲了亲我的膝盖,说希望快点好起来。有时我甚至认为他能知道别人有不同于自己的想法和感受,不过我确信他并不总能有这样的想法。

艾米,3岁。有一次她爸爸不小心割破了手指,她非常担心,还给爸爸拿了创可贴。我生病时,她就在地上给我铺了一张毛毯。

这个年龄的孩子,帮助别人的举动让人十分欣喜,但举止又往往不太妥当,就像上面所说铺毛毯的例子一样。娜塔莎(2岁)

看见爸爸在电话里跟一个水暖工吵得面红耳赤,她就跑过去把自己心爱的洋娃娃递给爸爸,让他消消气。娜塔莎知道爸爸的感受,想安慰他,因此就把自己玩得最开心的东西给了爸爸。2岁时,孩子还只会从自己的角度看世界,认为让自己开心的东西同样能让爸爸开心。2岁的孩子虽然能够认识到自己的个体性,但他(她)仍然认为他人看到的世界和自己看到的世界是完全一样的。

▎▎▎ 孩子虽然有了自我意识，但仍然认为别人的想法和自己的一样。在这个年龄段，孩子还不知道从其他角度看问题，因此更想不到换个角度看问题。

04 只有自我角度

成年人都知道，人们看世界的角度各不相同，而且我们能够应用读心能力来理解这些不同的角度。然而，这个年龄的孩子却不知道这些不同角度的存在，他们认为自己的角度就是别人的角度。

这一点，我们可以通过观察孩子对日常问题的反应得到印证。例如，当一个孩子正在看一张照片时，如果你让孩子给你看看他（她）正在看什么，孩子举起照片让你看时，通常会把有图像的一面朝着自己。这样，他（她）还能看到照片的图像而你看不到。这时候，孩子认为他（她）看到的一切，你也能看到。

与孩子通电话时，这种情况可能更明显。当从电话里问卡门（2岁）"你收到了什么生日礼物"时，她会一声不吭地把礼物拿到电话前，因为她认为别人也是从她的角度看世界，满心欢喜地以为电话那头的人也能看到自己引以为豪的礼物。与此类似，当问她喜欢不喜欢礼物时，她会兴高采烈地对着电话连连点头，但嘴里并不说"喜欢"。通过这个例子，可以看出孩子意识不到电话那头的人根本看不到自己的回应。以下日记摘选也是这种行为的典型例子。

　　塔拉，2岁。当他奶奶打电话问他在干什么时，因为我家用的是无绳电话，塔拉就把电话拿到玩工程玩具的地方去，还把听筒对着玩具拖拉机。我们常常会帮助喊"他在给您看他的拖拉机呢"之类的话，好让奶奶知道是怎么回事。

　　另一个常见例子就是当爸爸下班回家后，如果他让2岁的孩子给他取拖鞋，孩子会乐颠颠地去取。但孩子拿过来之后，会把鞋放在地上，正对着自己，而不是对着爸爸，好像是孩子自己要穿，而不是让爸爸穿。
　　这种面向自我的角度，不仅存在于孩子对世界的视觉认识，而且存在于孩子的思维和情感。虽然孩子有了自我意识，也能认识到自己的个体性，但他（她）仍然认为别人的想法和自己的一样。孩子并不是不知道要关注外界，只是在这个年龄段，他（她）还不知道有其他角度，因此更想不到换个角度。

■ 2岁的孩子还不能共同玩耍，他们只是在别人旁边玩耍，心理学家称之为"平行游戏"。他们尚无法与他人分享想法和感受。

05 自说自话，平行游戏

孩子对世界的看法极具自我性，这导致了孩子之间的友谊往往具有"欺骗性"。孩子们相互之间看起来很感兴趣，也很友好。远远地观察，他们似乎玩得其乐融融。不过，当你走近听听他们说话，很快就发现他们不是在和对方交谈，而是在自说自话。

马西姆，2岁。看上去，马西姆在与哥哥们说话，但这根本不是真正的对话，而更像是马西姆自言自语，哥哥们再对他重复这些话。

阿隆，2岁。最近他开始反复喊和他一起玩的稍大点孩子的名字。当他们答应后，阿隆却又不说话了，就像下面这样。

阿隆："米洛。"

米洛："嗯。"

阿隆：……（不吭声）

10分钟之后，阿隆："米洛。"

米洛："嗯，什么事？"

阿隆：……（不吭声）

这样持续几个小时。好在，阿隆现在已经度过了这个阶段。

2岁的孩子还不能共同玩耍，因为他们尚未意识到其他孩子的想法和自己的有所不同，所以相互之间也无法分享各自的想法和感受。孩子们真正在一起玩时，就要考虑其他人知道什么，不知道什么。2岁的孩子还做不到这一点，他们只是在别人旁边玩，而不是真正和别人共同玩耍。心理学家称之为"平行游戏"。

以下日记摘选是典型例子。

马西姆，2岁。他还处于在同龄孩子旁边玩耍的年龄段。他很擅长自娱自乐，会自己推着玩具车转或者把玩具车排成队。

奥莱文和詹姆斯，2岁。他们都喜欢玩火车玩具。不过，他俩还不会一起玩，经常是各拿一节火车，在各自的一节轨道上玩。

蕾安娜，2岁。她喜欢与姐姐们一起玩。通常，她们会玩"过家家"。蕾安娜对自己的角色很投入，但却常常自说自话，不像是在玩"过家家"。姐姐们经常因为她把握不了游戏精神或者不能真正投入游戏而感到失望。

虽然随着时间的推移，孩子的语言能力不断提高，但他们除了知道自己外，对世界还是一无所知，所以他们更愿意与成人交流，而不太愿意与其他孩子交流。因为比起孩子来，成人更善于弥补孩子的语言"空隙"，猜出孩子想说什么。

孩子往往把陈述当做交流。当孩子与别人说话时，因为还无法判断听者知道什么，不知道什么，所以他们在对话中会留下很多空隙，从而漏掉大量重要信息，让别人没法听懂。例如，幼儿园的一班孩子从动物园回来之后，一个孩子会对另一个孩子说，"雪儿长得又大又白，还吃了许多鱼"，回答可能会更不沾边，"它是蓝的"。因为后者描绘的是那个叫"雪儿"的北极熊吃东西用的桶。这样的对话显然没法进行下去！

相反，成人则会通过提出适当的问题来收集遗漏的信息。当妈妈听到孩子激动地说"雪儿长得又大又白，还吃了许多鱼"时，她会用读心能力辨别必须知道的信息，从而了解孩子想要表述什么。妈妈还会继续询问，通过提出适当的问题或做合理的猜测来弥补信息空白，使对话继续下去。这样母子二人就可以围绕动物园的北极熊展开一场颇有意义的对话，妈妈还可以向孩子传递动物世界的信息，拓展孩子的知识面。这一点，同龄孩子是无法做到的。所以，与和其他同龄孩子对话相比，孩子通过与父母或其他成人对话，更有利于提高表达能力和发展社交能力。

以下日记摘选是这个年龄段孩子的典型例子。

拉娜，3岁。她和较大的孩子在一起玩得很好，喜欢假装成较小孩子的妈妈，但与同龄的孩子一块玩则很困难。拉娜也十分喜欢和熟悉的成人玩。

孩子之间其实并不是有啥说啥，利百加（3岁）有时就问一些曾经听我问过她的问题，比如"你今天在学校干什么了"，她其实也不等别人回应。有时她会说"我想说话"和"让我现在说话吧"，但又不知道该说什么。有时候她想让我们停止说话，好让她加入对话，但又不知道该怎样插话……如果我把注意力放在其他成人身上，利百加就会很嫉妒，用手捂住我的嘴，或者要拉我走。她还会喊："闭嘴，妈妈，闭嘴。"

▓ 到3岁时,大部分孩子都具备了娴熟的"假装能力",知道可以将现实掌控于头脑之中。这一时期,孩子在读心能力发展之路上又迈出了关键一步。

06 假装能力,换位思考

随着对周围世界和人的不断了解,孩子逐渐意识到别人的个体性。3~4岁时,孩子开始知道别人也有自己的思想和观点。在这个发展过程中,"假装能力"发挥了特别重要的作用。因为"假装"纯属"思维"活动,生动地展现了思维活动的方式。

"假装"刚开始时十分简单,这时孩子经常用一件东西来假装另一件东西。例如,3岁的贾森看到姐姐们在练习乐器,他就拿硬纸板和尺子来假装小提琴和弓。这种假装游戏最早见于18个月大时,通常到3岁左右发展成熟。孩子能以这种方式假装,说明他(她)已经摆脱了对事物认识的桎梏(例如,尺子就是用来测量的),开始用自己的理解来诠释对事物的认识(用尺子假装"弓"来"拉"小提琴)。

这个游戏中,孩子其实并不知道事物发生了"转化",但已经学会了"假装",关键问题是——孩子头脑里可以同时对一样东西持两种不同看法。这有助于孩子明白:看问题的方式不只有一种,自己的看法也不是唯一的。这样,孩子不仅看到了事物的本来面目,还能对世界加以想象,从而学会掌控现实。

到3岁时,大部分孩子都具备了娴熟的"假装能力",知道可以将现实掌控于头脑之中。下一步就是知道别人也有思想,即别人也有自己的观点,也能掌控现实。这一时期,孩子隐隐约约地可以换位思考了。刚开始,孩子假装成自己的爸爸妈妈等其他人。然而,当孩子假装成爸爸妈妈、医生或护士时,他们只是简单地模仿所见所闻。他们还想象不到爸爸妈妈及医生护士究竟是怎样的角色,也不知道这些角色有什么不同特点。孩子只是机械地模仿,根本不知道所假扮角色的真正寓意——事实上,他们模仿的是别人的行为,而不是别人的思想。

纵然如此,孩子通过假装成别人,开始了解事物在别人眼里是什么样子。孩子正晃晃悠悠地接近读心者的边缘。此时,"假装游戏"成了孩子游戏的重要部分。

> 阿比吉尔,3岁。她现在最爱玩的角色假装游戏是妈妈和宝贝、灰姑娘和王子,以及大灰狼。

> 贾森,3岁。他常假装成蝙蝠侠。当别的孩子扮演兽医时,他就假装成狗甚或婴儿。

拉纳，3岁。她喜欢假装成野兽"吃人"，但不喜欢别人扮成野兽"吃她"。

艾莉丝，3岁。她经常假装成剧中的童话角色，还经常漫无边际地讲故事。"结婚"和"浪漫"是她的故事中"永恒的主题"。

心理学家发现，孩子在想象世界里游戏时说的话与其在现实生活中说的话不同，这点十分有趣。例如，法国孩子在假装游戏中说话使用过去时态，甚至比日常生活中用到得早。也许，使用过去时态语言可以帮他们对现实与非现实加以区分。

一旦孩子能"走进"别人的心灵，他（她）甚至能编出一个想象中的朋友，帮助自己锻炼读心能力和学习社交能力。这点在不愿意或者没有机会与现实中的朋友交流的孩子身上表现得尤其明显。因此，"想象中的朋友"在第一胎孩子和独生子女中更常见，因为他们没有可以一起玩的兄弟姐妹或小伙伴。而且，想象中的朋友情况跨度很大，如以下日记摘选所示。

西奥，2岁。他有一个想象中的朋友，叫妮娜。

乔舒亚，3岁。他有一个想象中的朋友，是影片《飞天万能车》里的人物。

弗朗西斯卡和茜丝莉，双胞胎，4岁。他们有许多想象中的朋友——主要是动物。在茜丝莉的想象世界里,有一个爱尔兰的猫家庭。

乔安娜,5岁。有一只泰迪熊伯蒂是她想象中的朋友。她经常和伯蒂促膝长谈,甚至有时还共进晚餐。

随着孩子越来越擅长"假装",他们开始能共享"假装世界",进入心理学家所称的"联合假装"。这时,他们一起玩角色假装游戏,把纸箱子当成房子、小船或宇宙飞船。在这些游戏中,孩子不仅知道自己假装的角色,还相互知道对方假装的角色。

与此类似,一起玩的两个孩子能够明白并且接受,他们一起玩的同一件东西在对方眼中假装的东西可以完全不同。例如,在玩一些小盒子时,一个孩子可能把小盒子假装成汽车,说"看我的车跑得多快呀!"而另一个孩子可能回答"嗯,是辆好车。我这个盒子是只老虎——看我的老虎跑得多快呀!"两个孩子看东西的方式不相同,但他们都乐意接受对方的看法。这时候孩子在读心能力发展之路上又迈出了关键一步:他们完全意识到彼此的思想是独立的,可以持不同观点。从某种意义上说,要做到这一点,孩子不仅要站在对方立场上,还要确确实实地走进对方的心里,用对方的眼光看世界。

▋▋▋ 读心能力的发展是渐进式的,孩子不会出现突然之间什么都懂的"灵光一现"时刻。一般来说,孩子在3~4岁时就具备了读心能力。

07 初具读心能力

读心能力的关键是能弄清他人行动背后的想法、感受和信念。孩子掌握了这一能力后,随着短期记忆力和思考能力的迅速提高,就可以明白人们所为与所想之间的联系。

在掌握这些联系之前,孩子有时认为这个世界简直是个杂乱无章、令人伤感的地方。例如,妈妈带伊万(3岁)去电影院,让伊万从影院门厅的综合柜台里选一包糖果。当伊万用纸袋装满糖果后,妈妈要拿去称重、付款,但伊万不明白妈妈的做法,见妈妈拿走他的糖果,于是开始哭闹。伊万认为,糖果被妈妈拿走就再也拿不回来了。然而,一旦他具备了读心能力后,记忆力就可以使他回想起,上次妈妈拿走糖果后很快又回来并还给他。在类似情况下,伊万就开始领会到妈妈行动背后的意图,"读"出妈妈的心思。有了读心能力后,在孩子的眼中,其他人的行动变得有意义，只要观察到别人在做什么，就可以推断出下一步会发生什么，甚至还可以知道别人为什么这么做。

像孩子成长的大部分阶段一样，成人几乎很难分辨出孩子真正学会读心能力（心理学家称为具有"心理理论"）的具体时间。孩子具有"心理理论"，是指孩子知道人有"心理"，开始了解到人的行为是由"心理"所控制的。当孩子开始理解他人有不同的想法和感受时，父母就会发现下面这些类似的情况。

艾丽丝，3岁。她开始认识到他人有不同的想法和感受。她会说"妈妈，你想什么呢，你在想这想那"来逗妈妈。

利百加，3岁。她开始注意到人有不同的想法和感受。她会说："爸爸生气了，你为什么对妈妈大喊大叫？她做了什么？"如果我责备她，她会说："我告诉爸爸去，他会骂你的。"

读心能力的发展是渐进式的，孩子不会出现突然之间什么都懂的"灵光一现"时刻。有趣的是，通过一项"错误信念"测试，很容易就可以看出一个孩子是否具有读心能力。孩子如果能够通过这项测试，就说明他（她）具有读心能力。

给孩子看一个装有一种他（她）熟悉东西的罐子，比如小猪储蓄罐。摇摇储蓄罐，问孩子里面装了什么，这时孩子会说"钱"。然后当着孩子的面掏空储蓄罐，再放进一些别的东西，比如玻璃球。然后你只要问问孩子：在房间外面的另一个人（没有看见把储蓄罐掏空后放入玻璃球）会认为储蓄罐里现在装着什么。

如果孩子已经具备了读心能力，他（她）就会认为房间外的人以为储蓄罐里装着钱，说这话时一般还会高兴地笑，因为他（她）知道房间外的人回答储蓄罐里有什么时一定会答错！但如果孩子还不具备读心能力，他（她）仍然会认为其他人——包括没在现场的人——看到的事物和他（她）看到的一样，所以别人也知道他（她）所知道的一切。因此，还不具备读心能力的孩子会说，另一个人（不在现场）也会认为储蓄罐里装了玻璃球。

每个孩子之间是有差异的，他们学会读心能力的年龄差别也很大。一般来说，孩子在3～4岁时就具备了读心能力。到4岁后，大部分孩子都能知道所想和所做之间的联系。有趣的是，如果孩子有哥哥姐姐，可以观察哥哥姐姐，从他们身上学习，就会比老大稍早一些具备读心能力。这样的孩子可能因为有更多的体验机会，来理解人的思想和行为之间的紧密联系，比如相互讥讽、开玩笑、嘲弄或谈感受。父母通常不会把自己的想法告诉孩子，但稍大点的哥哥姐姐几乎会毫不保留地说出自己的感受。

一旦孩子掌握了读心能力，父母就会发现，孩子的思考过程有了转变，还会发现，孩子对他人的认识更全面了。

> 瑞斯，4岁。他有时已经能意识到不同人有不同的感觉，比如，有时人会生气。

阿基拉，4岁。我认为他知道人们有不同的个性、思想和需求，但他有时接受不了。

埃莉，5岁。她知道人们有不同的感受，理解人们的某些特性（比如害羞）或者能力，会因年龄不同而不同。

不管是成人还是孩子，有了读心能力，就能接受对方的不同观点，无论这个观点自己是否喜欢。有了读心能力，孩子开始知道自己的行为对别人如何产生影响。此外，因为孩子现在能换位思考，了解别人在各种情况下的感受或想法，从而变得乐于助人和善解人意。

利昂，4岁。他会主动给卧床的爸爸沏茶。利昂走进厨房，出来时拿着小孩用的塑料杯，对爸爸说："对不起，爸爸，这不是真茶——我太小了。"

苏珊娜，4岁。她经常说："我喜欢你的发型（裤子）"。她还会给我端出早餐，或者整理自己的卧室，给我一个惊喜。

卡里尔，7岁。他知道别人有不同意见，他知道自己喜欢的或赞成的，别人不一定喜欢或赞成。他会说："这不是你的茶杯，妈妈，但我喜欢它。"

姬素丽，5岁。她没有告诉哥哥，今天我和她在麦当劳吃了饭，因为她怕惹哥哥不高兴。

上述例子中，孩子都能从别人的角度来考虑问题。利昂认为爸爸知道杯子里没有真茶，即使他自己假装有；苏珊娜知道妈妈喜欢一些活动，而苏珊娜自己不喜欢；卡里尔也意识到自己和妈妈有不同的品味；姬素丽则更进一步，不仅知道告诉哥哥去了麦当劳的事会惹他不高兴，还能够保守这个秘密。姬素丽的例子说明，孩子4~5岁时已经很好地具备了移情的能力。下面是4岁孩子父母的言论摘录。

苏珊娜，4岁。她非常敏感，特别懂事。她能看出你什么时候"伤心"，经常开玩笑或拥抱你，让你开心起来。

乔基，4岁。她绝对知道别人与自己的思想和感受不同。她会问，"妈妈，你开心吗？"或"你看起来不高兴，发生什么不愉快的事了？"

读懂别人行为背后的想法需要非常复杂的能力，孩子在4岁时就完全能够分辨出一件事是故意所为还是偶然为之。读心能力可以帮人们妥善应对各种情况，如果有人做了错事，这种能力能够让人选择是对他（她）发火（因为是故意的），还是对他（她）同情理解（因为是真正的过失）。

萨克逊，4岁。当他不小心打碎东西时，就变得忐忑不安，不断地说："对不起，我不是故意的。"然而，如果打碎的是一件他不应该玩的东西，他就会变得更加不安，因为他知道自己犯错了。他很聪明，会说一些让人消气的话，比如"不要生我气了。"

杰克，5岁。当他哥哥故意损坏玩具车时，他很生气。上周，放在玩具盒后面的一辆玩具车，不小心被摔坏了，但杰克没怎么在意，因为他觉得是自己不小心摔坏的。

人们的意图在其所言所为中，往往反映得不够明显，所以理解别人的意图是一种关键的社交能力。一旦孩子具有了这种能力，就能结合当时形势，判断并采取应对方法。

姬素丽，5岁。她是个非常聪明的女孩。她与和自己玩得来的朋友玩得很开心。但是，当小朋友有不正确的行为时，她会很不高兴，并让成人帮着解决；如果这种错误行为正中她下怀，她就会让小朋友"逃之夭夭"，这样可以继续玩。

现在，孩子的对话能力也提高了，虽然他们试图进行讨论，不过往往还是在向对方"演说"，如下列的妈妈日记所示。

弗朗西斯卡和茜丝莉，双胞胎，4岁。大多数情况他们是在对其他孩子说话，而不听别的小朋友要说什么。

塔维斯，4岁。他经常喋喋不休地讲自己做的事，谈话内容与朋友关系不大。通常是，他听的时候少，说的时候多。他喜欢和成人说话，希望成为关注的焦点。

丽贝卡，4岁。我经常开车送她和她的两位小朋友去学校。她想听别人说，但常常打断别人，插入自己的观点、意见。车里很吵，三个孩子不停地相互讲不同的事情，一个比一个声音高。

▰▰ 6~7岁时,孩子开始发展同时读懂多人心思的能力,从而形成更大的读心网络。具备读心能力后,孩子的友谊也有了全新意义。

08 开启全新世界

获取读心能力是孩子心理成长过程中最重要的一步。刚开始,有点像碰运气——孩子在走入成人世界之前,还需要大量的学习和磨炼。然而,一旦迈过这一步,就开启了一个全新的世界。如果没有读心能力,就没有相互对话,也就没有人际关系,符号系统(比如我们在书籍、电影和艺术品里看到的各种符号)也就失去了意义,讽刺、挖苦和开玩笑也是不可能的。当然,刚开始掌握读心能力的孩子不会一夜之间就变得像成人一样,能够认识社会,参加各种活动。但孩子的世界一定会因此以各种方式不断丰富起来。

一旦孩子能走进别人的心灵,真正了解他人的看法,孩子的游戏,特别是假装游戏,就会变得越来越复杂,越来越令人兴奋。以前,孩子可能只会把杯子假装成赛车,现在他(她)会让自己假装成赛车手,并且开始像他(她)心目中真正的赛车手一样活动和思考。这时候,孩子还能编出精彩纷呈的剧情,甚至还能和亲朋好友们分享,就像下面这些孩子一样。

丽贝卡,4岁。她喜欢玩妈妈宝贝、医生病人、美容师客户和店主顾客等角色扮演游戏。她还会和她的玩具说话,特别是她最喜爱的泰迪熊斯诺。她最近在自己房间里为斯诺举办了生日晚会,只有他们两个参加。她为斯诺制作了贺卡,还把自己的一些玩具放在斯诺周围,作为他的生日礼物。

我们家里生活着许多"小人物",我们叫他们"书架人"。这些"书架人"都有自己的特点,相互关系复杂。我们必须带许多"书架人"一起去度假,很难想象5岁的艾米丽和3岁的艾丽丝没有这些"书架人"陪伴会怎么样。

现在,孩子已经不再单纯地模仿其他角色的行为,而是开始赋予这些角色感情和动机,阐释所创造角色的意图和动机。7岁的霍莉和安妮米卡最喜欢的游戏是编一场关于"实习兽医"的复杂角色扮演剧。她俩扮兽医,让5岁的西奥和姬素丽扮动物,给他们包扎、喂药和做手术。

下面的日记摘选是另一个典型例子。

艾米丽，5岁。她玩的游戏都十分奇妙。和伙伴们玩时，她就像导演，说"你当这""我当那"，或者"我们这么做"，等等。她玩角色扮演游戏的时间比在现实中生活的时间还要多。

孩子越沉迷于这种读心游戏，越能磨炼出像争取角色、轮流坐庄等新的社交能力。6～7岁时，孩子开始发展同时读懂多个人心思的能力，他们知道这些想法可以相互联系，从而形成更大的读心网络。一旦具备了这种能力，孩子就明白了像"我知道他知道我知道"这样的复杂想法，能够参加多人参与的假装游戏，就像下面的例子一样。

孩子们都喜欢打扮成公主和海盗，国王和王后。霍莉，7岁。她最喜欢的角色是《爱丽丝梦游仙境》里的王后。孩子们玩许多想象游戏，扮演妈妈、爸爸、美容师、医生，但扮演老师的游戏是他们的最爱。

我家的孩子（分别是2岁、4岁、6岁和8岁）喜欢玩扮演老师和学生的游戏。在游戏中他们为想象中的学生摆上纸和笔，还给学生起名字。最近一次玩游戏时，布雷德利（4岁）对马克（本书的研究员）说：不要说话，老师们（指其他孩子）都非常严厉，不允许上课说话！

读心能力与友谊，对孩子的生活有着深远影响。随着孩子的读心能力逐渐增强，他们也赋予了友谊全新的意义。不可否认，孩子在具备读心能力前，确实存在友谊，但早期的友谊是建立在共享活动的基础之上（比如一起玩游戏），或者源于两家是世交。那时候，孩子通常认为朋友就是"一起玩的人"或者"共同玩玩具的人"。随着孩子长大，具备读心能力后，孩子开始理解，友谊是一种建立在相互喜欢和亲密关系基础之上的关系。

凯蒂，5岁。她说她喜欢安伯，因为"她好，又善良，我们轮流玩布娃娃。她不抢我的东西，也喜欢我。她还告诉我一个秘密。"

孩子现在能分享想法和感受了，也开始对其他孩子的想法和所说的话更加感兴趣，而对玩具的兴趣则略小了一些。当然物质在增强自尊心方面仍然发挥着重要作用。

埃莉，5岁。她和朋友一起谈论熟悉的故事、电影和人物，比如灰姑娘、睡美人、泰山等，有时还相互攀比。

安妮米卡，7岁。她经常谈自己有哪些东西，没有哪些东西，还和其他孩子比玩具、衣服或唱片。

这时候，对孩子来说，自尊心越来越重要，因为一旦有了读心能力，就得在让别人觉得你好之前，自己先觉得自己好。在自我价值感的基础上，亲密的友谊可以不断地增强自尊心。孩子很快就知道，父母的爱是无条件的，而朋友的爱是有条件的。对孩子来说，如果一位朋友想与自己分享思想和感受，就说明他（她）认为自己是值得交往的人。当孩子积极与他人交往时，他（她）不仅能知道自己有带来快乐的力量，而且通过揣摩别人的心思，还能想象到别人的感觉有多好。

读心能力还能帮助孩子建立有选择性的友谊，因为孩子现在已经能认出"志同道合"的人——世界观相近、能力素质相近、兴趣活动相近等。孩子能判断出应该与哪些人交朋友，也能调整自己的行为以适应不同的群体。

> 霍莉，7岁。如果和不太熟的孩子在一起，她会小心翼翼地相处。如果碰上不认识的人，她会观察一会儿再说话。

> 卡里尔，7岁。他会根据不同的孩子来改变自己的行为。碰上熟悉的孩子，他会欢蹦乱跳、专横跋扈；碰上安静的孩子，他会变得安静许多，稳重一些。总之，他喜欢和活泼的孩子交朋友。

> 杰克，5岁。他是个害羞的孩子。如果遇到一群孩子，他会仔细观察一下现场气氛，找到他愿意一起玩的孩子，然后慢慢地融入这群孩子中。

此外，孩子现在有了时间感和未来感，开始知道努力维持友谊的价值，而不是不断放弃旧朋友，结交新朋友。他们开始懂得，老朋友是遇到麻烦时可以依赖的人，也是可以互相借东西、分享笑话和秘密的人，是喜爱和支持你的人。

在4~5岁的孩子中，大约有一半的人会有一个要好的朋友。他们会共同度过三分之一的时间。即使吵架，读心能力也可以帮他们和好如初。他们会想，为什么另一个人的观点会发生变化，因此还会相互谈谈，看看怎么能影响对方、改变对方的想法。结果，友谊得到了弥补，又能继续了。而且，一些儿时的友谊可以一直完好保持到长大成人。

交多个朋友，能帮孩子了解友谊之间的不同。他们会发现，自己比有的孩子强些，而比另外的孩子又差些。从这个年龄起，孩子对自己在伙伴中所处的地位非常敏感，会积极用读心能力排出自己在伙伴里的"座次"。以下的妈妈日记摘选，说明了5~6岁孩子的此类典型行为。

> 埃莉诺，5岁。孩子们开始觉得她有些讨厌，她不得不和自己不喜欢的孩子一起玩。

> 艾米丽，5岁。她似乎能认识到其他人有不同感受。她的问题是如何掌控别人，好让他们按照她的方式去思考和感受！

阿曼达，6岁。她对喜欢的孩子很好，但对不喜欢的孩子很凶。

也许最重要的是，读心能力可以帮助孩子认识到，没有朋友会多么孤单，因此有助于促进孩子做出慷慨无私的行为。

伊丽莎白，6岁。她耳根子软，经常向我抱怨，说她把所有的糖都给了别人。

罗里，7岁。他做了一些精致的盒子，把旧玩具都装了进去，要作为圣诞节礼物送给慈善机构。现在他的社会责任感越来越强了。

贝基，9岁。她非常关心被冷落的孩子。例如，她邀请了一个女孩和我们一起参加万圣节活动，因为这个女孩的家刚搬到这里，没人和她一起玩，贝基感到于心不忍。

能够接纳别人的观点，使得孩子能够考虑他人的好恶。例如，孩子会在玩具店里踌躇良久，精心为朋友挑选生日礼物，但他（她）并不是根据自己的喜好来选，而是根据他（她）对朋友好恶的了解，以朋友愿意接受什么为标准来选。这就说明孩子知道并且关心别人的感受。孩子现在的行为不再表现得"自私自利"。

孩子们在学校用拼贴画做成长筒袜，然后在商品目录里挑选和剪下他们想要的礼品，把这些礼物图片装进长筒袜里。西奥，5岁。他选了芭比娃娃和小熊，但不是给自己买的，他说他想送给霍莉（7岁）和阿隆（2岁）。

姬素丽，5岁。她非常在意别人的想法和感受。无论她有什么，都会想到哥哥和姐姐。最近，我们给她租了一把大提琴，她坚持让我从音乐店里给她姐姐买个音乐徽章，她觉得这样姐姐就不会感到受了冷落。

艾米丽，5岁。如果罗里或艾丽丝受了伤，艾米丽就会给他们画一些可爱的贺卡，写上动听的话，例如，"亲爱的罗里，听说你腿受伤了，我很难过"，等等。"亲爱的姥姥，看到您这么老，我很伤心"，听起来多么贴心啊！

为了庆祝自己的生日，卡里尔给全班同学拿来了糖，有个孩子对糖过敏。卡里尔就坚持要给她买点别的东西，好让她感到不受冷落，于是他给她买了一块水果形香皂。

对别人的忧伤，这个年龄的孩子也比3~4岁时敏感得多。他们甚至会把其他孩子的幸福置于自己的感受之前。

卡里尔，7岁。他对别人的忧伤特别敏感，甚至对看起来伤心的陌生人也如此。他会说"我觉得那个人看起来不高兴,妈妈"。有一次,他碰到一位伤心的同学,就抱住他说,"没事了。不要伤心,我们去看看罗斯小姐。"

科里,7岁。如果他的好朋友不高兴了,他就会让着他们。有一次,一个小女孩把果汁溅到了他的"精灵卡"上,科里很生气,但他看到女孩一直哭,就走过去对她说,"没关系"。这可有点了不起,要知道"精灵卡"可是科里的宝贝。

随着孩子理解他人、安慰他人的能力不断提高,具有读心能力的孩子开始建立公平感,他们现在能认识到有人受到了冤枉(至少他们认为如此)。

安妮米卡,7岁。如果她的兄弟姐妹受到责备,她会为他们争辩。如果我责备她爸爸时,她也会为爸爸争辩:"妈妈,爸爸不能做那件事,他在上班呢。"

妮珂拉,7岁。她会抱怨别人(主要是孩子们)不能像她对他们一样体贴,所以她接受不了他们。

随着读心能力的发展,如果提供给孩子们的信息不清楚,他(她)也会像成人一样提出问题来弥补信息不足。

罗里，7岁。他能够和成人很好地交流，会提问题并介绍自己，还注意不打断成人说话。

在7~8岁时，孩子会意识到正如他们能读懂和影响别人的心理一样，别人也能读懂并影响他们的心理。他们开始理解信任的概念，这个年龄的孩子会说他们相信朋友，这是5岁孩子无法理解的。当然，这个年龄段的孩子知道不能相信所有人——哄骗8岁孩子要比哄骗5岁孩子难得多！

随着孩子学会适当地信任他人，他们开始根据以前对人的了解来判断一个人的意图。这样，他们就会把可能犯错的朋友尽量朝好处想，而对陌生人看起来是欺骗、无礼或冷漠的行为保持适当的戒心。

随着推理能力的不断成熟和发展，即便孩子之间出现严重的意见分歧，他们也能维持友谊。因为他们珍视友谊，所以会积极应用读心能力在事态失控之前予以挽救。如果他们吵架了，事后他们会走到一起，努力把吵架的不良后果降到最低程度，直到烟消云散。研究发现，9岁孩子中，在一个学年自始至终有一个最好朋友的人超过了四分之三，而6岁孩子中则只有一半是这样的。以下妈妈日记摘选对此进行了精彩总结。

丹妮尔，8岁。虽然她会和大部分孩子一起玩，但她会离那些粗鲁的男孩和喋喋不休的女孩远远的。学校的一些女孩多次想把她和她最好的朋友分开，但都没有成功。

玛丽，9岁。她有少数几个一直忠实的好朋友。例如，我们1994-1997年在莫斯科居住期间，她和班里的一个女孩十分要好，直到现在还想去看她。

从童年晚期起，友谊就不再局限于共同活动了，而是开始建立在信任、忠诚、共同秘密和相互理解的基础之上。孩子也发现了自己最适合的角色——要么是孩子王，要么小跟班，要么两者兼有。

塔列辛，9岁。他在小伙伴中大部分时间是孩子王，但他有时充当小跟班也很开心。

▮▮▮ 现在,孩子可以随心所欲地以消极或积极的方式应用读心能力。他们通过掌控别人的想法,或者故意让人伤心,或者想尽办法讨好别人。

09
也有消极一面

读心能力在人类社会生活中虽然必不可少,却没有一套教程,教人们如何充分应用这一能力。读心能力就像生活中的大部分事物一样,既可用于为善,又可用于为恶。在具备读心能力之前,孩子只知道通过打或咬来伤害别人的肉体。然而,一旦学会读心术,他们不仅多了一种了解世界的新手段,还多了一套全新的武器。

现在,孩子可以随心所欲地应用读心能力,以消极的方式或积极的方式掌控别人的想法和感受。他们通过掌控别人的想法,故意让人伤心,或者想尽办法讨好别人以使自己合群。孩子就像成人一样,在不断尝试不同行为的过程中越来越熟练地应用读心能力。

安妮米卡，7岁。她通常都热情大方、温柔体贴。虽然有些蛮横，但对比她小的孩子特别好。然而，她对自己的弟弟妹妹很小气，看他们年龄小就欺骗他们或操纵他们。而碰到稍大点的孩子，她会变得很兴奋，拼命去讨好他们。

罗里，7岁。他非常聪明自信。他已经学会了通过装得彬彬有礼来得到自己想要的东西。

这个阶段，一些孩子出现了欺负人的行为。人们通常认为欺负人的孩子，其社交能力和读心能力差，他们不知道自己的行为对他人造成影响。最新研究成果发现，事实有时恰恰相反，一些"有才"的欺负人者往往具有良好的"心理理论"。他们可以准确地知道如何掌控局势和操纵别人，进而伤害别人的感情。他们还知道如何把被抓住的可能性降到最小。

当然，应用读心能力来操纵和伤害他人绝不是孩子的专利。我们长大成人后，才是真正的"操纵大师"，可以随心所欲地应用读心能力剥削他人、欺负他人、对他人施加强大的情感威胁。但是，从积极的一面来说，我们可以应用读心能力，积极巧妙地处理各种人际关系，增强自尊心，激励个人发挥最大潜能。

我们在儿时获得读心能力，并终身付诸实践，使我们在复杂的社会生活里挥洒自如。儿时的角色扮演游戏可以帮孩子阐释意图和情感,在成人世界里同样发挥着重要作用。所有成年人,无论是孩子父母、医生、老师、售货员,还是罪犯或法官,都会根据自己希望留给别人的印象或者别人希望自己做出的行为扮演不同的社会角色,呈现出不同的形象。人们的腔调、态度、行为乃至措辞,都随所处环境的变化而变化。漫漫人生路上,我们扮演着各种角色,社会乃至文明正是建立在这一基础之上。

第二章

撒谎游戏

　　撒谎确实是一种重要能力,孩子必须学会合理地利用这一能力。很显然,如果孩子学不会适当撒谎,他们以后就会变成社会生活的弃儿。

大部分人，既是高明的读心者，又是高明的骗子。几乎就在学会读心术的一瞬间，也学会了骗人。成年人善于撒谎，我们会隐瞒自己的感受，所想与所做大不相同；还会对自己的观点撒谎，不懂装懂。如果问一个成年人是否撒谎了，他（她）很可能说："我真的没有撒谎。"是吗？

事实上，撒谎是一种基本的社交能力，很多人都得撒谎。有时人们为了一己私利，会严重欺骗别人。但大多数情况下人们只是撒小谎（无恶意的或不要紧的谎言）和善意的谎言（为了避免伤害别人感情的谎言）。这些对事实的微小扭曲，确实有助于保持生活平稳运行。

如果你觉得这有点不可思议，那就想象一下：如果我们只说真话，生活会变成什么样子？

假设盖伊家举行晚宴，而盖伊突然之间被剥夺了撒谎能力。门铃响了，盖伊开门，发现莎拉和比尔手拿着酒站在门前。盖伊很吃惊，没有装成很高兴的样子，而是说，"喂，真搞笑，我们并没有邀请你俩。你俩难道没别的地方可去了吗？"莎拉和比尔尴尬得无言以对，接着盖伊又说："真没地方去？噢，那就请进吧。不过，因为吃的东西不多，你们来了，别人就不够吃了……"

随后，吃第一道菜（显然很少）时，盖伊吃了一口，不喜欢吃，但没有装得很喜欢这道菜的样子，而是猛然吐出来，说，"呸，真恶心！吃起来就像垃圾！"这时，珍妮问莎拉，"你家那个可爱的小宝贝怎么样呢？"，盖伊没有友好地微笑，反而插嘴说，"你是说那头小猪似的小孩儿？"盖伊像愤怒的公牛一样继续挑衅。其实他并没有犯错，只是因为失去了撒谎能力，总是实话实说罢了。

显而易见，在许多情况下实话实说未必十全十美。撒谎并不总是为了一己私利。在社交场合，为了不伤害别人的感情，或者为了遵守社会公认的准则，成年人必须撒谎。事实上，撒谎能力如果用得合情合理，一般来说，说明此人比较在乎别人的需求和感情。

指责孩子撒谎前一定要做分析。撒谎确实是一种重要能力，孩子必须学会合理地利用这一能力。孩子不仅应学会如何分辨事实与谎言，还应知道撒谎的合适时机。撒谎是成人的必备能力，很显然，如果孩子学不会适当撒谎，以后就会变成社会生活的弃儿。

因此，孩子玩"撒谎游戏"的能力与他们对道德和社会所认可行为的理解，具有错综复杂的关系。在掌握撒谎规则的同时，孩子必须学会明辨是非，也必须学会控制自己，尊重他人及其财产。然而，孩子似乎并非天生就具有道德感，而且在不同文化中对道德的理解也各不相同。孩子要学会分辨什么是对，什么是错；哪些行为能得到社会认可，哪些行为得不到社会认可，成人的言传身教在这一过程中发挥着重要作用。

▨▨▨ 孩子刚出生时并不知道什么是对,什么是错。然而,孩子很快就意识到,"好"行为会受到表扬或善待,而"坏"表现会遭到反对或责备。

01
人之初,性习得

虽然学会撒谎之路漫漫而修远,但婴儿在很小的时候就迈出了第一步。几乎从孩子呱呱坠地的那一刻起,父母就下意识地"塑造"孩子的行为。看到所有"积极"行为的信号,比如孩子最初的微笑,成人的反应往往是满心欢喜,开心地对着孩子笑;孩子如果哭哭啼啼,成人当然也会有所反应,但这种反应很少会是满心欢喜。这些反应的区别虽然很微妙,而且大部分是无意识的,但这已经在教孩子哪些行为能得到认可,哪些行为得不到认可了。

在很小的时候,孩子就能注意到自己的行为与周围人的行为之间有联系。出生后不久,孩子就能意识到自己可以影响他人的行为,引起一系列反应。例如,孩子学会了在想要吃奶、换尿布或得到抚慰时就哭,在受到关注或和蔼交流时就笑。随着不断积累经验,孩子学会以许多不同的方式与人交流,从而得到自己想要的东西。

6个月大时,罗曼就学会了在想要被关注时重复发出一种声音:"啊,啊,啊,啊……"而且声音不断增大,直到有人抱起他来。这时,他就会笑。

6个月的罗曼已经学会以各种不同的方式掌控照看他的人。不过,显然这时他还没有欺骗行为。

一旦知道自己的行为和别人对自己的反应有一定联系,孩子就学着通过一定的言行举止来获取自己想要的东西。孩子开始学步时,成人就可以更直接地教他(她)一些交流习惯,使其言行能得到社会的认可。例如,妈妈会教孩子说"请(求你了)"和"谢谢",孩子也会知道只要说这样的话,就可以得到自己想要的东西。

虽然孩子起初不太清楚这些词的真正含义,但他(她)很快就知道自己只有用这些词说话,才能得到所期待的回应。这时候,孩子又向玩"撒谎游戏"迈出了一步,并很快就学会如何用这些新学来的词儿来"实现"自己的利益。

一个寒冷的冬日,路易(2岁)和爸爸外出散步,路过一辆冰激凌车。路易问爸爸能不能给他买一只冰激凌,爸爸说不行。路易又用"请"这个词问了一次,但回答仍然是"不行"。为了吃到冰激凌,路易不断地乞求着,"求您了,求您了,求您了,求您了,求您了,求您了,请您给我买一只吧!"爸爸受不了路易的坚持和执拗,渐渐地心软了。

这个事例中虽然没有欺骗行为,但路易已经学会了使用成人教给他的言词,让别人满足自己的意愿。

正是周围成人的反应教会孩子对自己的行为有一定期盼。孩子刚出生并不知道什么是对,什么是错,随便哪个孩子的父母都明白这一点。然而,孩子很快就意识到,"好"行为会受到表扬或善待,而"坏"表现会遭到反对或责备。

荷利,8个月。她当然还分不清对与错。她躺在地毯上喝饮料,对着你笑,希望你也对着她笑。如果你对她绷着脸,她就知道自己不对了,太顽皮了。

乔丝,18个月。虽然还不能分辨是非,但他知道有些事不应该做,比如把袜子扔在洗手间里。

阿隆,2岁。他知道"好孩子"受人待见。如果我说他淘气,他就说,"我不淘气,我是好孩子"。

孩子根据其他人(特别是成年人)的意见,逐渐知道好坏行为之间的区别。从孩子们的反应也能看出，他（她）在淘气时，对自己的行为，也是有自知之明的。

崔，22个月。他已经知道分辨是非了。因为他一犯错，就明白，并赶紧藏到床底下。

杰西卡，2岁。她犯错了自己也知道不对，但仍然明知故犯。她经常坐下来在桌子上和门上乱画，如果被发现就赶快溜之大吉，因为她知道自己做得不对。

▉ 2~3岁时，孩子开始玩弄是非观念，经常试着推脱责任。对2岁孩子来说，这种行为只是为了避免麻烦，而不是把过错归罪于他人的故意欺骗行为。

02 引注意，避麻烦

随着慢慢弄清楚哪些行为能得到认可，哪些行为得不到认可，孩子逐渐明白，该怎么调整自己的行为才能得到想要的东西。在孩子意识到其他人也有自己的想法这一事实之前，孩子的这种掌控行为还不是欺骗，但可能是"真欺骗"的萌芽。在2~3岁时，孩子就能注意到自己言行举止所产生的影响，并开始利用这种影响做出于己有益的事。一旦孩子发现某一特定行为能得到自己想要的东西时，就会肆意利用这种行为，即使做出这种行为的动机并不真实。

奥利弗，2岁。他醒得早了就喊我们过去帮他起床。上周，我们没有马上过去，希望他再回去睡会儿。他喊了几声后,见没人过去,于是大声喊道,"爸爸,我要拉臭臭!"于是我赶紧跑了过去。现在,他每天早上都这么喊,事实上他并非真的要大便。

伊珐,两岁半。经常利用小花招来引起注意,这种行为很容易被误认为是欺骗。当她姐姐和同学做家庭作业时,伊珐跑进去说,她划破了手。姐姐大吃一惊说,"可怜的伊珐",并准备从冰箱里给她拿冰块缓解疼痛,伊珐却跑了,还感觉非常开心。但5分钟后她又跑回来了,她根本不知道自己的把戏已经被拆穿,还故伎重演,直到姐姐烦了,把她轰走。

严格地说,伊珐撒谎了,但她自己根本不知道这是撒谎。伊珐想要的只是引起姐姐的注意,而且,她知道自己这么说就能引起注意。

伊珐和奥利弗都不是故意撒谎,他们都是在重复上次引人注意的行为,以为那样的言行这次还会奏效。然而,两个孩子现在都学会了说一些不真实的情况,如要拉屎或划破了手指。同样的行为在孩子想回避一些事情时也经常可以看到。

马西姆,2岁。他经常尿湿了但不承认,因为他厌烦换尿布。要么就对我说,爸爸或拉奎尔(保姆)已经给他换过了,即使他们不在跟前。

贾森，2岁。他会说些一眼就能拆穿的谎话，比如"我不困"或者"我不撒尿"。

这个阶段，孩子也开始玩弄是非观念，经常试着推脱责任。对2岁孩子来说，这种行为只是为了避免麻烦，不是为了把过错归咎于他人而做出的故意欺骗行动。

娜塔莎，2岁。她撕破了餐厅的壁纸。妈妈问是不是她撕破的，娜塔莎说，"不是我，是布雷德利撕破的"。布雷德利是她哥哥（4岁）。妈妈说，"布雷德利没有撕"，娜塔莎说，"不是我，是丹妮尔撕破的"。丹妮尔是她姐姐（8岁）。"丹妮尔也没有撕"，妈妈说。于是娜塔莎又试着说，"不是我，那就是阿曼达撕破的"。阿曼达是她的另一个姐姐（6岁）。当妈妈说，"阿曼达也没有撕，是你撕的吧"，娜塔莎说，"不是我"，然后赶紧跑到桌子底下藏了起来。

路易，2岁。当他意识到自己犯了错时，会一笑，然后就跑开。当他淘气或要遇到麻烦时，就说是弟弟里约干的。

阿比吉尔，3岁。她常指责弟弟，说弟弟把玩具扔得满地都是，虽然她弟弟只有5个月大。

伊万，3岁。伊万在厨房画画，妈妈正用糖给他装饰一块巧克力蛋糕。门铃响了，妈妈出去开门，并警告伊万不要碰蛋糕。伊万瞟了蛋糕一眼，一边瞅着门外，一边从蛋糕上抠出一块糖来，然后用手把弄开的洞抹平，抿了两口又把糖放了回去。听到妈妈快回来了，他赶紧停了下来。

"我告诉你不要碰它！"妈妈大声喊道。

"我没有碰！"伊万（他手上沾满了巧克力）说。

"那是谁碰的？"妈妈问。

"亚历克斯"，伊万回答说。亚历克斯是他哥哥，此时还在学校呢。

上述"谎言"极不可能成功，说明孩子根本不能确切地理解"谎言"是什么。娜塔莎屡屡把责任往别人身上推，即使每次都被妈妈拆穿，也还是不断重复这种小花招，直到把周围所有能提到的人都说了一遍；路易和阿比吉尔则把责任推到一个小得根本不能犯这种错误的弟弟身上；伊万则把责任推到根本不在现场的哥哥身上，而且他也忽视了妈妈注意到了他沾满巧克力的手！

令人啼笑皆非的是，如果稍大点的孩子撒谎时，往往这个年龄段的孩子却又会说出真话，至少不会完全撒谎。因为不理解"谎言"的概念，孩子有时会说些路人皆知的谎言，有时又会表现得十分老实，全然不知道撒谎对自己的好处！看看下面的例子。

当托马斯哭着从外面跑进来时,我们问山姆(2岁),是不是他打托马斯了。"是",山姆说,他眼睛都不眨一下!其实,山姆一直在房间里玩。

詹姆斯,2岁。有一天他给我看一幅画。我说,"真棒,你画的吗,詹姆斯?"我正准备表扬他,刚要再说点什么,詹姆斯却说,"不是,是亚历克斯画的。"亚历克斯是他的一个朋友。

▇ 到3岁时，大部分孩子已经开始形成对好或坏行为的认识。在这个发展阶段，孩子似乎会故意做错事，以此来考验成人定下的规矩。

03
学规则，明事理

孩子常常在与其他人相处时表现得非常自私。例如，会拿走别人的玩具，全然不理会别人的感受，如果让他（她）把玩具还回去，就大发脾气。在第一章中我们曾经讲到，这种看起来很自私的行为，实际上是因为孩子只能从自己的角度看问题，并且认为别人也是从他（她）的角度看问题。这种看待事物的单一眼光，使孩子认为自己心目中的对与错也正是别人心目中的对与错。孩子的道德推理能力这时候还很有限，他们认为"我想要，所以我应该有"，并且他们只会用自己的需求和愿望来解释他们的"淘气"行为。

马西姆，2岁。由于年龄很小，他根本不知道不应该拿不属于自己的东西。马西姆往往会拿走自己想要的所有东西，不管这东西属于谁，但对他自己的东西却看得很牢。

奥莱文，2岁。当我把他从别的孩子那里拿来的玩具还回去时，他会很生气。他还会喊，"不，妈妈，我要，我要"。他要想得到什么东西，很难打消他的念头。

海伦娜，2岁。她的原则是：想要什么，什么就是我的，你的也是我的。她非常清楚什么东西属于她，如果有人没经她允许动了她的玩具，那真是倒大霉了！

2岁孩子还不知道别人会有不同的感受，也不知道他们的言行举止应该符合一定的规则。但是，他们会从实践中和成人的教诲中学习这些规则，并且很快就开始领悟责任的观念。到3岁时，大部分孩子已经形成对好或坏行为的认识。

利百加，3岁。如果她哥哥或姐姐做了错事，她就会告诉我。例如，"妈妈，乔什打我""佐伊玩电视了""乔什淘气了，妈妈，她是不是很淘气？"如果她做错了，认为我会因此生气时，她就变得忧心忡忡，赶紧说"对不起"，然后试着把弄脏的地板打扫干净。

乔舒亚，3岁。他在地板上撒了一泡尿，我刚说了他两句，他就跑上楼。他知道自己错了。

特列缅，3岁。他已经能辨别是非。如果他做对了，就希望受到表扬；但如果做错了，他就不承认是自己做的，或者想改变事实。

孩子一旦开始掌握了规则，知道什么行为被社会认可，什么行为不被社会认可，他们就会经常尝试这些规则，看看规则的界限到底在哪，从而做到遵守规则。所以，在这个发展阶段，孩子似乎会故意做错事，以此来考验成人定下的规矩。

艾米，3岁。他知道踢人不对，但仍然踢人，然后辩解说他的脚只是不小心碰到了别人。

利百加，3岁。现在她淘气时（例如，打了她姐姐），会很快说"对不起"，然后试图弥补过错。不过有时她也会倔强地不肯认错。

当孩子开始有了道德观念，在脑海中形成了辨别对与错的基本规则，他们就开始审视周围成人的言行举止是否符合这些规则。当看到父母做了错事，他们会变得不高兴甚或生气。

贾森，2岁。如果我打翻了东西，或者他认为我做错了事时，例如打喷嚏时没捂住嘴，或者碗里有剩饭，他就会说我是"淘气的妈妈"。

罗莎，3岁。她越来越能够区分对与错，当人们（认识的人或电视里的人）表现得不友好或者咄咄逼人时，她就会指责他们"淘气"或"不好"。

特列缅，3岁。他会因为我说脏话而指责我，而且如果我答应为他做某事或给他某件东西，但没有兑现承诺，他就会很不高兴。

尤安，3岁；芬利，6岁。他们都已能分辨是非。如果我们表现得粗鲁、烦躁或者不耐烦时，他们就会提醒我们；有时他们还会很生气。

▰ 3~4岁的孩子还分不清"幻想"与"谎言"之间的细微区别,他们常常"夸大事实"或者给现实赋予不同的"版本"。

04 爱幻想,非谎言

3~4岁时,孩子处于成为读心者的边缘。如我们在第一章所述,他们现在已经是高明的角色扮演者了,假装游戏已经成为学习如何读懂别人心思和猜测别人想法的重要手段。这时,孩子的记忆力和注意广度的发展很快。这使他们能编出更加精彩、更富有想象力的故事——这也是学习撒谎过程的重要部分,因为有效的谎言往往需要微妙的想象力。然而,这个年龄的孩子还分不清"幻想"与"谎言"之间的细微区别,他们常常"夸大事实"或者给现实赋予不同的"版本"。

拉娜,3岁。她想象力丰富。她告诉老师她有宠物狗和宠物猫(事实上并没有)。趁姐姐不注意,她就把姐姐的棒棒糖拿走送给爸爸,还说是她特意为爸爸从商店里买的。

罗莎，3岁。她经常编故事，而且还有一定道理。例如，当她和爸爸顶撞时，她就会指责爸爸"无端"吼她。

艾米丽，5岁。她经常假装自己有一个完全不同的名字和身份。甚至在幼儿园时，她只应答"百丽"这个名字，而且她在幼儿园画的画上也署名"百丽"。

其实，这些孩子并不是在撒谎，他们没有故意传播给别人错误信息。虽然在这一过程中孩子可能误导了别人，但这并不是孩子的主要目的。这个年龄的孩子希望成人完全相信他（她）的故事。一方面是因为孩子对世界的体验太少，还不知道可能性与荒谬的界限，另一方面是因为孩子还不知道别人看不到他（她）自己幻想的世界。

然而，幻想，离奇的故事，善意的谎言，故意的欺骗，都是以谎言为基础的，那么孩子又是怎么学会分辨什么是精心编织的故事，什么是真正的谎言呢？一般来说，离奇故事的目的是娱人身心、使人发笑，而谎言的目的是为撒谎者带来不应得到的利益。

虽然这个区别在成人看来十分明显，但孩子却很难把握。孩子注意到，父母和朋友在讲述日常生活中的事情时往往夸大事实，还可能注意到，这些添油加醋就像流言蜚语一样，越传越离奇。孩子还经常听到父母说"小谎"和"善意的谎言"。孩子听王子、野兽和魔铃的故事，就会在幻境中度过很多时间。孩子平时被传奇、神话、小说、电影、电视剧和浮夸的广告所包围，那么孩子怎样学会区分事实、夸张、善意的谎言和恶意的谎言呢？唯一的途径就是讲了故事或谎言后待一会儿，等着成人的反应。如果得到了表扬或笑声，他们就知道这是个很好的离奇故事或者善意的谎言；如果受到指责或呵斥，他们就知道这个谎言不好。

父母及其他看护人通过赞成和反对孩子的言论，形成孩子对事实的理解。当说到"坏"谎言时，大部分成年人很快就能在脑海中有所掂量。人们认为"好"的谎言是无伤大雅、引人发笑的，可以分享情感或增强自尊心。相反，"坏"的谎言则是有害无益、工于心计的，能为说谎者自己带来不正常利益，或者说谎者故意以不良方式操纵他人的信任。这个界限有些成年人甚至都难分清，孩子就更难区别了。

拉娜，3岁。她指责19个月的卡门在地板上乱写乱画，但在受到鼓励后，她承认是自己画的。

孩子开始以一种"全盘接受或全盘否定"的方式理解撒谎的道德"规矩"。孩子开始懂得撒谎是"坏事"后，无伤大雅的谎言或善意的谎言在他们这里也讲不通。这时，许多孩子在发现成人说善意的谎言时很不高兴，似乎成人违反了他们所理解的规矩——他们感到困惑。

罗莎，3岁。如果在最后一刻改变原计划，并用善意的谎言向她解释，她会变得很不高兴。

乔基，4岁。一旦发现我们撒谎（善意的谎言），她就指出来，还哭。例如，有一次我们说光盘店关门了，她就哭闹着说其实还开着呢。

阿比吉尔，3岁。如果听到我说谎（善意的谎言），她会很困惑，并不停地问我，直到我承认自己撒了谎。例如，有一次我说公园关门了，不能去了，她就一直问我为什么。

▉▉▉ 这个阶段的孩子会尝试不同的谎言和行为。反复试错和成人教诲可以帮助孩子知道什么行为是好的或被认可的,什么行为是坏的或不被容忍的。

05 学骗人,试对错

要想真的撒谎,或者分辨出别人是否在撒谎,孩子必须懂得每个人都有不同的想法,而且还要知道别人的想法是可以掌控的。因此,在具备读心能力之前,孩子是不会讲真正的谎言,并有意识地骗人的。

我们可以用一个简单的藏东西游戏来看看孩子是不是懂得真正的欺骗。手拿一枚扣子或硬币,告诉孩子准备玩一个藏东西游戏。你把双手放在身后,把扣子攥在一只手里,然后把双拳放到胸前,让孩子猜猜扣子在哪只手里。重复三次,让孩子知道这个游戏的玩法,然后让孩子来藏你来猜。因为孩子还不会骗人,他(她)不会把手背在身后去藏扣子,要么不握拳直接把扣子放在手心里,要么就用两只手夹住扣子,甚至还会告诉你扣子在哪只手里!例如,让伊万(3岁)把硬币藏起来时,他竟然双手合在一起，然后打开让别人看到硬币。一旦孩子真的学会藏扣子或硬币，他（她）就真的懂得隐瞒事实真相了。

　　学会撒谎后，孩子还会不断锻炼自己的骗人能力——撒谎让人信的能力。孩子第一次真正意义的谎言一般都逃不过成人的眼睛。知道什么是撒谎但又不太会撒谎的孩子能很好地把硬币藏好，但仍然会输掉游戏，因为他（她）会信誓旦旦地说你猜错了，结果泄漏了秘密。

　　典型的例子就是孩子把手伸出来，大声笑着说，"在这只手里，在这只手里。真的，真的！"殊不知，他（她）的谎言一眼就能看穿，结果就泄露了硬币在另一只手里的秘密。

　　　　当伊万（3岁）和亚历克斯（5岁）玩藏玩具猴游戏时，他们就站在藏玩具的地方，然后告诉我们不要看那里。

　　　　最近，我给萨克逊奶奶买了件生日礼物，告诉萨克逊（4岁）一定先不要让奶奶知道我们把礼物带到她家，好给她一个惊喜。当我们把礼物装在一个大包裹里，拿着穿过厨房时，萨克逊大声地对奶奶说，"这件礼物不是给您的，奶奶，不是给您的。"

　　孩子第一次开始撒真正意义的谎，故意给别人散布虚假信息时，他们并不知道撒谎不单单得靠语言，也不知道谎言还需相应的面部表情和肢体语言做支撑，否则谎言立马就会被拆穿。

这种情况下，没经验的撒谎者往往是自己出卖自己的，例如脸红或者举止怪异。

亚历克斯，5岁。他撒谎时，往往言不由衷。这样妈妈就知道他在撒谎了。

罗里，7岁。他更小一些的时候听过这样一个故事。故事中一个坏人想走私珠宝，由于他眼睛不直视海关人员，而是看别的地方，海关人员一眼就看出了他在撒谎。罗里一直记着这个故事，所以他撒谎时总是尽力目不斜视。

第一次撒真正意义的谎时，许多孩子都表现得不自然。这说明他们非常清楚对与错之间的道德差异，他们知道自己要做的事情不对，但还没有足够的经验或能力来有效隐藏自己的淘气行为。还有就是经常可以看到孩子在撒谎时会瞪大眼睛，因为他（她）想向听者证明自己绝对是在讲真话，结果眼神就把自己出卖了。同样，不会自圆其说的孩子撒谎时往往会做出错误的表情，结果自相矛盾，把自己给戳穿了。

乔基，4岁。她偶尔会撒些小谎，但显然知道自己不应该撒谎，赶紧说"只是开个玩笑"。

然而，孩子在这方面学得很快，周围人的反应会帮助他

（她）弄清谎言是否起作用。用不了多久，孩子就能意识到，必须言行一致，这样才能成功地让人相信自己所说的谎话是真的。

一开始，孩子掩饰谎言的方法可能会非常简单，比如在声称自己做了还没做的事时，会把证据藏起来。

阿基拉，4岁。他经常把不喜欢吃的东西扔到垃圾桶里，然后说已经吃完了。

利昂，4岁。通常在他喝完粥后，就给他吃"聪明豆"。于是他把粥藏到冰箱里，然后说，"我喝完粥了，现在能吃'聪明豆'了吗？"

这个阶段，孩子可能会尝试许多不同的谎言和行为，甚至"偷东西"。无论如何，反复试错和成人教诲可以帮助孩子知道什么行为是好的或是被认可的，什么行为是坏的或是不被容忍的。

我儿子，5岁。看到喜欢的东西，即使不是他的，也会拿走。上周，他竟然趁我不注意，拿走了来家客人的鞋拔子，还高兴地带到学校去了，这让我很震惊。我觉得他应该明白，鞋拔子不是他的，不能随便拿走，但我儿子却认为只是拿去玩一会儿，没什么大不了的。

在学习撒谎时，孩子还应知道"蓄意行为"（例如撒谎）

和"过失"（例如误会）之间的区别。假如有人告诉孩子秋千坏了，不能玩了，他（她）就要判断到底这个人是在故意误导，还是秋千真的坏了。假如被人发现在撒谎，孩子还要判断是坦白交代自己在撒谎，还是把谎言推脱成失误。孩子很快就会明白，失误和误会不是故意的，与故意欺骗相比，失误和误会并不太严重。当具备读心能力后，孩子甚至会试着把读心能力用于对自己有利之处。

萨克逊，4岁。如果他做了错事，经常说那是失误或者意外。然而，如果他意识到别人的某个错误对自己不利时，他会非常大声地说那是故意干的。

> 4岁时,孩子已经学会"撒谎",但他们还不知道"谎言""小谎"和"善意谎言"的区别。4~6岁时,孩子还不能理解道德也存在灰色地带。孩子如果看到有人违反这些规则,他们就会对其予以批评。

06
懂道德,守规矩

到了4岁,孩子虽然已经学会"撒谎",但他(她)还要学习社会生活中应遵守的规矩。孩子还不知道"谎言""小谎"和"善意谎言"之间的区别,仍然接受不了大部分谎言。此时,他人的抵触和反应在塑造孩子是非观、道德观方面发挥的作用越来越重要。

塔拉,4岁。她有时会做一些让家人无法忍受的事情,然后还表现出一副不服气的样子(例如,常常把手叉在腰上)。

假如一个孩子打了另一个孩子,通常被打的孩子会哭或者生气,而打人的孩子则要受到成人的责骂。打人的孩子马上就能看到自己违反道德规范的后果是多么严重，也会看到自己的行为让朋友多么伤心或生气！

塔维斯，4岁。他知道打架等行为不对，但他还是不由自主地和人打架。如果他打伤了哥哥或弟弟，让他说"对不起"简直比登天还难。

在早期，孩子完全是以自我为中心的。他们除了自己的需求和愿望外，不知道别人也有想法和感受，他们还意识不到除了自己的观点外，还存在其他的不同观点。学龄前儿童开始有道德感，这反映他们对行为准则的理解在不断增强。孩子往往在这个年龄开始关注自己行为的结果，认为打人之类的行为让别人遭了殃，所以是错误的。随着不断从别人（主要是成年人）身上学习到什么是对的、什么是错的，孩子对道德的理解也在加深。而且孩子对社会道德有了一定认识，知道要对自己负责，清楚社会希望自己达到的道德标准。例如，这些孩子清醒地知道某些行为是不符合道德规范的，但他们仍在做。

丽贝卡，4岁。她已经能区分对与错了。我曾经听她对朋友说不要打架，她也知道不要撒谎。老师说她有强烈的正义感。

杰克，5岁。有时他会打姐姐，我问他这么做对不对,他会说"不对"。当朋友打了他或者冲他嚷嚷时,他也会很不高兴。

到4~5岁时,孩子开始知道别人也有想法和感受,这就促进了人际交往中道德感的进一步发展。虽然孩子在这个阶段仍然以自我利益为中心,但当问及他们的一些行为是对是错时,他们会直接说自己错了。

埃莉,5岁。当她知道自己的话惹怒了家人时,她会尽量变得格外嘴甜和百依百顺,以弥补自己的过失。有一次她对我说"恨我",但后来悔恨不已,又说"爱我"。

4~6岁时,孩子还不能理解道德存在灰色地带,即在特定情形下做错事可以接受。孩子这时学到了一些可接受行为、不可接受行为的规则,看到有人违反这些规则,他们就会对其予以批评。

丽贝卡,4岁。如果我们做了错事,她会严厉地批评我们,而且是用她犯错时我们批评她的话来指责我们。例如,"妈妈,吃饭时不要说话"或"做饭前要洗手",等等。

乔基,4岁。她经常在我们犯错时重复我们常说的话,例如,"妈妈,你怎么在红灯亮的时候过马路,真淘气""爸爸,你说脏话了"。

杰克，5岁。我们和我父母在一起生活时，杰克总爱向我母亲"检举"我，让我难堪。

这种黑白分明的规则还适用于"撒谎"。孩子知道了撒谎不好，而讲真话是对的，但他们还不理解撒谎的灰色地带，也不理解善意的谎言和小谎。所以，当孩子发现父母撒小谎时，会责备或诘问他们，孩子还不理解父母在特定情况下为什么这么做和这么做的合理性（或不合理性）。例如，妈妈和艾米丽（5岁）在咖啡厅坐着，一位朋友带来了一份生日礼物。妈妈打开礼物，是一座瓷雕像，高兴地说太可爱了！这时，艾米丽不懂妈妈说的是善意的谎言，反驳道，"但你已经有这样的雕像了，你说不喜欢它呀。"许多父母都碰到过这种情况。

埃莉，5岁。很难在她跟前圆满撒个小谎，如果她怀疑你撒谎或者发现你在撒谎，就会不断地提问。得到确认后，即使她不生气，也会责怪你。

尼古拉，6岁。他听到我说了谎话（虽然是善意的）时，会变得很迷惑或生气。

在能够更灵活地看待道德准则之前，这种黑白分明的方式可以帮助孩子实践自己的信念，对自己建立信心。

艾米丽，5岁。她有强烈的道德感，特别是当她觉得自己或者别人无端受到指责时。一旦被错怪，她会变得非常愤怒，有时她甚至说"你不再是我家人了"，然后气呼呼地摔门跑上楼去。

杰克，5岁。有一次我抱怨路边一位司机是"笨蛋"，杰克马上就指出我不对，他说我说的不是好话。

同样，当父母介绍孩子年龄时，如果所说的年龄比实际年龄小或大，往往会被孩子当场揪住！4~5岁时，孩子还不具备选择性撒谎的能力，很容易在不经意间把父母撒个小谎的努力付诸东流。

最糟糕的一次是我们去主题公园时。我和三个孩子排了一个半小时的队，等着让罗里和艾米丽去开微型车。游乐场规定5岁以上孩子才能领取开车的"驾驶证"。那时候艾米丽还不到5岁，当然我说她已经5岁了。结果罗里和艾米丽异口同声地说，"她（我）不是5岁，她（我）才4岁！"于是我们白白等了那么长时间，只好悻悻地离开，没有开成车。我想向他们解释，在那种情形下撒个小谎是可以接受的，但这简直是难于上青天！

另一个典型例子发生在一位妈妈因为没有出示纳税证而被警察拦下来时。她告诉警察说纳税证已经寄出去了，但事后她又告诉随行的5岁女儿，纳税证其实还在家里的桌子上，她忘记寄了。当妈妈解释"这个小谎没错，只是稍微歪曲了一下事实，而且成功地让他们避免了麻烦"时，女儿很生气。

这个年龄的孩子有很严格的规矩意识，他们不能理解有时在特定情况下隐瞒真相或撒谎也是可以接受的，虽然这样做有些不妥。所以，孩子会经历一个"典型的老好人"阶段，这时他们会做出的一些举动，一味迎合别人。看看下面这个例子。

姬素丽，5岁。她十分诚实。如果别人做错了，而她没有做错，她会有点儿扬扬自得。比如，她会说，"安妮米卡撒谎了，我没有撒谎。"我们曾屡次告诉她不要伤害小动物，她告诉我说她长大后要做一名素食主义者。

艾米丽，在当了五年捣蛋鬼之后，当了大约六个星期的好孩子——给自己布置作业，认真写字、安心看书、好好画画，早上自己起床、自己穿衣服、自己整理卧室，还帮艾丽丝穿衣服、洗澡，甚至在罗里不高兴时还抱抱他！

这种黑白分明的行为方式，说明孩子常常相信人们所说的就一定是真相。虽然孩子知道成年人会骗人，然而一旦孩子知道骗人不对，往往就认为别人（特别是成年人）都只说真话，不会骗人。因此，小孩很容易被捉弄，特别是当他们骗人的经验还不丰富时，他们想看穿别人的谎言可不容易。当然，这样孩子极易受到伤害，但他们受伤的样子也非常惹人喜爱。

杰克，5岁。他的一位朋友告诉他说，做那件事不对。虽然做这件事一点都没错，而且还十分有趣。但因为朋友已经告诉他不能做了，所以他就把那位朋友的话奉为圭臬。

▰▰▰ 孩子极其黑白分明的道德思考方式现在发展了，容许存在一些灰色地带。他们逐渐意识到，善意的谎言有时在社交场合也可以接受。

07 撒小谎，巧变通

为了避免伤害别人的感情，或为了避免某些情形，成年人常常撒谎。我们认为，虽然一些谎言违背道德准则，但道德准则却在清晰界定对与错的同时也留下了灰色地带。随着撒谎水平越来越高，孩子也开始逐渐灵活应用道德准则。现在，他们撒的小谎越来越逼真了，比如他们会信誓旦旦地指责某人的过失，或者刻意隐瞒一些真相。看看下面的例子。

西奥，5岁。他喜欢取悦别人，不喜欢做错事。他不会说"我打破了它"，而是说"它破了""有人打破了它"。

杰克，5岁。他发现妹妹会爬了，感觉真是好极了。他把地上扔的乱七八糟的脏东西、玩具、饮料等推到妹妹身上，自己逃之夭夭。

阿曼达，6岁。大事小事她都撒谎。她先打了弟弟，却说是弟弟先打了她。她还学会了"踢皮球"。

这个年龄段的许多孩子有时还会生活在自己的幻想世界里，经常讲一些幻想的离奇故事，以下日记摘选是一些精彩的例子。

艾米丽，5岁。她常生活在自己的虚幻世界里，说的谎也十分逼真，以至于自己都分不清什么是事实，什么是幻想或谎言。我可以举出数百个这样的例子，就拿最近发生的两件事来说吧。艾米丽参加了一个体操班，大约四周后让我去观摩一堂课。她确实非常喜欢那位年轻的体操教练，花了大量时间跟她套近乎（艾米丽不知道我在一边看着）。课后，教练走过来问我，你女儿"凯特"（艾米丽告诉老师她叫凯特）是不是经常这样，还是因为家里刚生了妹妹"莎拉"（艾米丽杜撰出的妹妹）才变成这样的。

第二件事是在这学期的前几周，艾米丽回家时总带着一张诊断书，说她的头在操场上狠狠地被撞了一下，不过看不出伤痕。后来，老师把我叫到学校，说天气不好时，艾米丽就躺在体育器械下面，一动不动。体育助教跑过来后，艾米丽就呻吟着说她得了重感冒。然后，助教把她带到温暖的医务室，艾米丽就在那里度过剩下的体育课时间。艾米丽还经常撒一些容易穿帮的小谎，比如有一天回家后她告诉我，老师和她女儿弗劳尔住在拱门路的一座灯塔里。

西奥，7岁。他经常编些故事，他自己对这些故事也是半信半疑。他最近掉了几颗乳牙，然后告诉我说他看到了牙仙女，还说牙仙女穿着黄衣服。但又掉了一颗牙后，他说这次没看到牙仙女。

孩子就像海绵一样，以多种方式不断吸收着有关可接受行为、不可接受行为的大量信息，然后消化贮存，供其将来应用。这些信息帮孩子不断重新评估现实生活中的规则，巩固自己及他人应如何做或不应如何做的概念。

爸爸："不要干那个！"
尼古拉（6岁）："那你怎么可以做！"

大部分父母对这类对话很耳熟。

霍莉，7岁。她有点像《玩具总动员》里的恐龙，总是挑我们的刺。我们一开车或停车，她就说"你系安全带了吗？"或"这里能停车吗？"另一个例子就是，如果我说了脏话，她就会咯咯地笑着说，"妈妈说脏话了。"

亚历克斯，6岁。当别人做错事时，他很担心。他还经常谈论在新闻中听到的事。

孩子极其黑白分明的道德思考方式现在发展了，容许存在一些灰色地带。他们逐渐意识到，善意的谎言有时在社交场合也可以接受。通过观察周围人的举动和越来越关心周围人的需求，孩子渐渐开始理解撒谎的游戏规则。

有几次，我那几个大点的孩子听到我向客户谎称我丈夫不在家（他不想联系的客户），莎拉（8岁）和伊丽莎白（6岁）似乎连眼睛都不眨一下，乔纳森（9岁）似乎对这个谎言还很满意。

科里，7岁。如果我说些善意的谎言，他不会不高兴，但会打破砂锅问到底，问我为什么要这样说。例如，当我说太忙了不能去别人家做客时，我就不得不向科里解释，这样比直接说不想去要好得多，否则有可能伤害别人的感情。

▮▮▮ 发现善意的谎言和学着玩撒谎游戏是儿童发展的一个重要阶段。这意味着孩子现在知道别人也有自己的需求,并能在特定时间隐瞒或伪装自己的真实情感。

08 善撒谎,渐成熟

有的谎言可以让人好受一些,而且即使说了也不会受到惩罚——这让孩子们明白,有时骗别人相信自己并不存在的想法或感情,也是合情合理的(例如,为了不伤害别人的感情时)。这个概念,孩子理解起来可能有点儿费劲。一是由于这样做违背了"撒谎不对"的原则,此外,说"善意的谎言"比一般的说谎更为复杂。

一般说谎主要是使别人相信一些不真实的事,孩子在4岁左右就能理解这一点。为了不伤害别人的感情而说"善意的谎言",则要使别人认为你在想你并没有想的事情,这就比较复杂了。要理解这一点,孩子必须具备理解"思考过程"的能力——心理学家称之为"二阶心理理论"的能力。例如,奶奶给了小孙子一件礼物,孩子即使不喜欢,甚至十分讨厌,他也会告诉奶奶非常喜欢这件礼物，这样奶奶就误以为真，相信他。孩子知道自己在撒谎，但这种谎言是善意的。孩子还知道，他说了这个善意的谎言，奶奶会感到高兴。孩子在6~7岁时就具备了这种能力。

西奥，7岁。无论给他什么，他总是说，"这正是我想要的"，而且听起来很像十分珍视送他的东西。虽然这只是个善意的谎言。

泰费，7岁。为了不伤害朋友的感情，她常说一些善意的谎言——婉拒游戏邀请、隐瞒自己对心爱东西的真实感受、不喜欢吃其他孩子妈妈给她的东西时也会说爱吃，等等。她有时还想哄我，当被抓到时，她会一脸镇定地七绕八绕地编一些故事，说她以为我怎么怎么想的，而她又是怎么怎么说的……

霍莉，7岁。有一天，从朋友家回来后她说："晚饭，其实我不爱吃，但我还是吃了，还说味道不错。"

发现善意的谎言和学着玩撒谎游戏是儿童发展的一个重要阶段，这意味着孩子现在知道别人也有自己的需求，并能在特定时间隐瞒或伪装自己的真实情感。这样，孩子就有了辨别真伪时合理猜疑的必备工具，也就不那么容易上当受骗了。

如果我对孩子撒谎说,爸爸没有给我们生活费,所以没钱给他买玩具或其他东西时,孩子就会说,"妈妈,那为什么你有钱在咖啡厅里给我买咖啡和蛋糕呢?"我哑口无言。

泰费,7岁。如果我撒谎了,他就滴溜溜地转着小眼珠,低声说,"哦,妈妈,你不应该撒谎。"那时候,我第一次意识到,我是个不好的榜样。

孩子现在具备了把撒谎变成一项艺术的能力。他们知道了"好谎言"和"坏谎言"的区别,知道了"对"和"错"的区别,知道两者并非完全吻合。例如,当妈妈出门前与丹妮尔(8岁)和阿曼达(6岁)吻别时,妈妈问她俩"妈妈看起来怎么样",两个女孩都说挺好。但门一关上,两个孩子就开始叽叽喳喳地议论妈妈的打扮,说她们不喜欢斑点和米黄色……整体效果太糟了。她们故意向妈妈撒了个小谎,因为她们知道如果说不好看,妈妈会生气。丹妮尔和阿曼达已经会玩撒谎游戏了。不过姐姐丹妮尔比妹妹阿曼达的实践经验更丰富一些,她甚至能不假思索地撒一些非常高明的小谎。

丹妮尔,8岁。她经常说些善意的谎言让大家都高兴。她知道,爸爸认为吃薯条对身体不好。所以最近全家一起出游,在高速公路服务区停车时,她知道爸爸在盯着她，就故意点了盘土豆而没有点薯条。吃饭时，爸爸上洗手间了，丹妮尔对妈妈说，"我能吃你的薯条吗？我不喜欢吃土豆。"

另一个例子是，最近有位加拿大的阿姨在丹妮尔家住着。丹妮尔对妈妈说，"我绝不离开你去加拿大。"但她对那位阿姨说，"我正在攒钱，好去加拿大，这样我就能和你在一起了。"

然而，目前孩子的道德推理能力尚未发育完整——还需在童年晚期和成年期之前，经历无数次挫折和转变。大约7岁时，孩子开始建立强烈的平等观念，认为任何条件下都应一视同仁地对待所有人。这种观念的建立，也许是因为他们希望避免怨言、打架或其他形式的冲突吧。

罗里，7岁。他道德感非常强烈。他经常谈论环境，非常关心回收再利用等环境问题。许多事情都会惹他伤心，例如在新闻上看到贫困的孩子或在街上看到乞丐时。有些事情会惹怒他，例如足球裁判错判时，或者艾米丽的东西比他的多时。

随着不断长大，孩子在做道德判断时开始权衡多种不同因素，包括人们的生理需求和情感需求。例如，孩子们会认为应该多给穷人、伤心的人或者残疾人一些东西，多给生活困难的人一些东西，这样更公平些。10岁之后，这种观念似乎又发生了转变，这时孩子的道德判断既讲究平等，又讲究功过。这就涉及了极其复杂的权衡，从而保证人人得到应有的奖励和惩罚。不过，这时孩子的想法仍然趋于理想化，不太现实。看下面的例子。

阿米利亚，9岁。她最近对我说，她特别讨厌我的某名员工，因为那名员工错误地责备她妹妹。阿米利亚还让我开除那名员工，并一直问我什么时候让她走。其实平素阿米利亚与那名员工关系很好。

成人世界纷繁复杂，光怪陆离，处处存在不公平、不正义和歧视。为了在成人世界中生存，学会撒谎和树立公平游戏意识是孩子必须掌握的两种能力。我们长大成人之后，一般都能很好地明辨是非，知道正是道德伦理支撑着整个社会。我们不仅能隐瞒自己的真情实感，故意欺骗他人，还能反过来在别人要骗我们时巧妙地识破他们。漫漫人生路上，我们不断培养和锻炼这两种核心能力，直至走向生命的尽头。现在，孩子终于可以按照撒谎游戏的规则办事了。

第三章

男女之别

　　我们在看世界时往往戴着"性别色彩"眼镜,这影响了我们的言行举止、思考方式和待人接物。随着孩子不断长大,他们慢慢会知道与性别有关的社会规则。

"男孩还是女孩？"这是大部分人听到亲朋好友生了小孩之后问的第一句话。性别是人类最基本需求的根源之一。区分自己和周围的人时，我们采用了许多不同标准——种族、国籍、住址和姓名等。然而，不要忽略这一点，我们对自己作为人最基本的理解正是围绕性别而展开的。事实上，人在确认一个生命是男是女之前，会称之为"它"，而"它"在社会中是没有明确位置的。

　　一看到陌生人，我们的第一印象就是性别，因为男女之别是社会的一个重要因素。虽然政治上总是力避歧视女性之嫌，但男女之别仍然非常重要，这在我们日常生活中体现得极为明显，如公共厕所、更衣室、病房等，均按性别分类。此外，男人和女人在衣着、发型甚至步态等方面也有明显的区别。

　　我们在看世界时往往戴着"性别色彩"眼镜，这影响了我们的言行举止、思考方式和待人接物。假如你误判了他人的性别，或者你的性别被人误判了，你立马就能意识到性别对言行举止的影响。

　　性别虽然在我们生活中发挥了基础性作用，但孩子在出生后的数年内还不能完全意识到自己的性别身份。孩子刚出生时，根本不知道人类分成了两性，更不在意自己属于哪一类。通常到了2岁时，孩子才知道自己是男是女，但仍然不清楚性别是他（她）不可更改的身份。随着孩子不断长大，他们慢慢会知道与性别有关的社会规则，并且，从简单的如何正确使用更衣室，到家庭和工作中因性别而产生的一系列微妙复杂的问题，都得遵守这些规则。

▎先天因素和后天因素都会对特定性别行为的形成具有重要影响。生理学差异会影响到行为。与此同时，成人对待男孩、女孩的方式也存在明显差异。

01
性别意识，先天还是后天

性别意识的形成比较复杂，到底是天生的还是后天学来的？最可能的解释应该是两者兼有，而两者的重要程度在人生各个阶段又不断发生变化。

从一出生，孩子就被周围无数与性别有关的信息所包围：人的脸型、声调、发型、身高、步态、服装色彩和款式，等等。新生儿对一些信息具有惊人的记忆力，包括所遇到人的外貌和举止。事实上，婴儿认为人脸是世界上最美妙的风景之一，他们会花大量时间观察周围形形色色的面孔。1~2个月大时，婴儿就能把周围的人大致区分为老和少两种。甚至有试验证明，婴儿还能认出谁更漂亮些。见到比较匀称、富有魅力的面孔时，婴儿会久久凝视。这似乎就是人的一种天性，因为这时婴儿的年龄太小，还不至于受到所学行为的影响。究竟是什么原因导致婴儿的辨别力，目前还没人确切知道，也许这是人类的一种生存策略吧。

到3个月大时，婴儿吸收、存储周围信息的能力增强了。他们发现周围的人分为男、女两大类。如果让3个月大的婴儿连续看到女人的面孔，他（她）很快就会变得厌烦，看的时间变得越来越短。如果此时又让婴儿看到一张不同的面孔，比如男人的面孔，他（她）就会变得机敏起来，并长时间地盯着这张新奇的面孔。这说明婴儿即使在很小的时候，也能分辨出男女之别。

虽然3个月大的婴儿能注意到男人和女人的脸不同，但他们还不明白这意味着什么。这时，婴儿只能被动接受周围发生的一切，还不能对此做出解释。他们只能尽情地观看周围的许多新事物，了解这个他们刚刚来到的花花世界。

到10个月时，婴儿对男性、女性的了解有所加深。这时，婴儿能认出与男性、女性有关的行为特征及其他特征。例如，婴儿会注意到生活中的成年男人（爸爸、爸爸的朋友、其他男性长辈等）往往脸是方的、声音低沉、胸脯平坦、头发又短又秃。他（她）还发现，这种人穿的衣服往往有这样的特征：裤子、运动衫、西服和衬衫。他（她）甚至还会注意到爸爸离开家时胡子刮得干干净净，晚上回来时又长得密密麻麻，还有一些男人脸上蓄起胡须。与之相反，婴儿生活中的主要女性（妈妈、妈妈的朋友、其他女性长辈等）往往脸是圆的、体形柔弱、嘴唇亮丽、声音尖细、长发柔顺、脸上无毛。这些人往往体态婀娜多姿，穿着五颜六色的衣服，显露着娇小的四肢，胸部较挺拔。

婴儿很快就注意到了人的声音、面孔、发型、步态特征和行为特征。如果这些特征相互矛盾，他们会感到非常困惑。例如，在一次试验中，婴儿对表现出两种性别特征的成人看得时间更长，比如娘娘腔的男人。婴儿判断性别的线索十分微妙，如果面对一个乔装成男人的女人，即使她将声音也故意假装成男人的声音，但婴儿似乎仍可以分辨出实际上这是女人的声音，而不是男人的声音。

到12个月大时，孩子就可以认识到他人的性别，会对男人和女人的面孔有不同的反应。一些婴儿甚至在更早时就可以这么做了。

伊丽莎白这个孩子不喜欢看到男性，包括她爸爸。如果爸爸（或者其他男人）和她同处一室，她就会哭个不停。这种现象从她4~5个月时就开始了，一直持续到1岁左右。

这时，孩子还不知道自己是什么性别，但已经开始表现出各自性别的行为特征。一群1岁孩子都裹着尿布，或者穿着一样时，他们选择何种玩具往往就能暴露其性别。让孩子选玩具时，女孩往往会选布娃娃和抱抱熊，而男孩则更喜欢传统的富有男性气息的玩具，如模型、卡车、汽车或拖拉机等。

我们已经注意到了男孩和女孩有很大不同，虽然我们对他俩并没有区别对待。乔斯，1岁。他喜欢在地板上推小汽车或火车，还喜欢堆积木。苏姗娜，3岁。她喜欢与布娃娃玩过家家。

令人惊讶的是，在分清自己性别的几个月之前，孩子就开始偏好与自己性别相关的玩具了。这种性别刻板行为随着年龄的增长越来越明显。例如，一个18个月大的男孩会站在吸尘器上发出汽车的声音——这显然是男孩喜欢的行为，即使他还不知道自己是男孩。

这究竟是什么原因所致呢？科学界尚未找到确切答案。性别发育当然是始于胚胎期，性激素刺激了生殖器官的发育，从而影响了大脑里促进胚胎发育成男孩还是女孩的区域。睾丸素（雄激素的一种）对男性生理特征的发育具有深远影响。

雄性激素似乎也影响了大脑发育，所以男性的大脑与女性的大脑存在差异。最明显的区别在于大脑的两个半球——左半球和右半球的连接处。两个脑半球通过大量称为胼胝体的神经相互交流。男孩大脑中，两个脑半球之间的交叉连接发育得较少，比起女孩大脑中的胼胝体小了很多。同时，男孩大脑右半球的内部连接比女孩的要多，所以男孩大脑右半球的运转比女孩大脑右半球的运转相对独立。因此，男孩处理一些问题时，似乎只用大脑的一侧，而女孩则同时用大脑的两侧。这就可以解释为什么男孩往往对右半脑的活动更感兴趣和更擅长，比如数学和空间活动，如拆开东西研究其工作原理。看下面的例子。

詹姆斯，3岁。他想知道一切事物是怎么运转的。他对路上的洞、建筑工程和建筑设备非常着迷。

奥莱文，2岁。他喜欢火车、拖拉机和建筑机器。他喜欢把玩具拆开再组装起来。

受睾丸素的影响，男孩乃至男婴往往争强好胜、个性张扬，看看下面的例子。

我们的儿子2岁了。他说话嗓门大，争强好胜，个性比较张扬，特别是在用体力时非得争个第一。我们的女儿则更想通过自己的良好行为引人注意或表扬。

雄性激素的影响说明，在孩子出生前遗传因素对性别发展起了主要作用。孩子出生时，可能同时有形成男性行为或女性行为的趋势，而究竟朝哪一方向发展，则取决于孩子在胚胎期受到睾丸素的影响有多少。然而，这并不是全部。后天的经历和所受的教养也起了重要作用。婴儿出生时，虽然天生就有形成男性行为或女性行为的趋势，但由于外界充斥着无数与性别有关的信息，在众多信息的强力影响下，这种趋势必然会被增强或减弱。

成人知道了婴儿的性别后，就开始将自己的性别刻板印象强加于孩子身上，这往往受潜意识支配。即使男宝宝刚刚出生24小时，人们也往往会认为他们比女宝宝强壮、勇敢、协调能力好，而认为女宝宝柔弱、娇嫩、胆小。哪怕男女宝宝在出生时体重相同、身高相同、体力相同，人们的这种认识也会存在！人们用帅气、魁梧这样的词形容男孩，而用秀气、伶俐等词形容女孩。

即使父母并没有给孩子性别专用的玩具、衣服和颜色，但他们仍然会不自觉地对孩子发出许多微妙的暗示，促进孩子的性别刻板行为形成，塑造孩子的态度和行为，无论孩子的意愿如何。例如，观察研究表明，成人对待男孩和女孩的方式往往是不同的，他们与女孩说话多，而放纵男孩子玩调皮捣蛋的游戏多。如果女孩跌倒了，常会把她抱起来加以安抚，而男孩跌倒了，则有可能对他置之不理或让他不要大惊小怪。

如果我的女儿们（丹妮尔8岁，阿曼达6岁，娜塔莎2岁）跌倒了，我会抱她们很长时间。如果我儿子布拉德利（4岁）跌倒了，我就不怎么抱他。我一般只把他抱起来，然后说"没事没事。"

儿子詹姆斯（3岁），比起女儿埃莉诺（5岁）要更粗心大意，而且更爱吵爱闹。因为詹姆斯爱吵爱闹，所以我对他要更严厉一些，但如果他需要关心时，我也会更疼爱他一些。

上述日记摘选说明，父母对待儿子、女儿一般会采取不同方法。一方面是父母对孩子已有行为反应不同,另一方面父母对造成这些行为的不同也发挥了作用。

父母还常给孩子买特定的玩具和衣服来强化其性别角色,比如给女孩子买布娃娃和粉色衣服,给男孩子买玩具拖拉机和蓝色衣服。日常生活中,父母对孩子行为的暗示也很明显,如在下面这个例子中。

> 萨克逊,4岁。他最近一次外出时穿了表姐的一件粉红色毛衣,还戴了表姐的手镯。妈妈和奶奶坚决让他脱下来——看到萨克逊这么打扮,有点像个女孩,我们都感到明显不高兴,特别是当着客人们的面!

在观察孩子(特别是男孩)玩玩具时,父母和其他成人还作出一些反应,提示孩子什么是"对"的行为,什么是"错"的行为。父母,特别是父亲,常批评儿子的娘娘腔行为,不过可能会接受女儿的假小子行为。

总之,先天因素和后天因素都对特定性别行为的形成具有重要影响。男孩、女孩之间存在生理学差异,导致了明显的身体差异,进而影响到行为。与此同时,成人对待男孩、女孩的方式也存在明显差异。两者相互影响。父母对孩子的生理学差异作出反应,这种反应又有可能增强某些行为,削弱另一些行为。在多数情况下,既非单一的先天因素也非绝对的后天因素,两者的相互作用才是决定孩子性别意识发展的最重要因素。

▆▆▆ 几乎孩子一学会说话，就能说出自己是男孩还是女孩。这并不是说2岁孩子知道性别的真正含义。在这个阶段，男孩或女孩这个词只是个标签。

02 男孩女孩，性别仅是标签

孩子从成人的称呼中知道了自己是男孩还是女孩。从出生的第一天起，孩子就多次听到人们用"男孩"或"女孩"之类的词称呼他们，比如"聪明的女孩"或"好小子"等。这些信息逐渐积累，几乎孩子一学会说话，他（她）就能说出自己是男孩还是女孩。如果陌生的成人误认了某个孩子的性别时，孩子有时甚至会非常生气，并立即加以纠正。男孩往往对这种误认特别敏感。

> 阿隆，2岁。如果我不小心对他说"好女孩"，他会说，"笨妈妈，我不是女孩，我是男孩。"

然而，这并不是说2岁孩子知道男孩和女孩的真正含义。还远着呢！在这个阶段，男孩或女孩这个词只是个标签。孩子只能单纯地分辨出哪个标签适用于自己，正如他们能分辨出自己的名字一样。这个年龄的孩子还会注意到男性和女性有不同的生殖器官。

霍莉，18个月。她知道自己和哥哥杰克（5岁）不同，她还发现男孩在洗澡时比较有趣！

阿隆，2岁。他知道自己有个小鸡鸡，哥哥西奥也有，而姐姐霍莉没有。他还说妈妈的下面毛茸茸的。他还知道男孩子能站着撒尿，而女孩子得坐着。

奥莱文，2岁。他知道自己有小鸡鸡，爸爸也有，妈妈没有。他还知道妈妈有"波波"，他没有。他认为事实就这样。

这个阶段，孩子认为男女生殖器官的区别就像长头发与短头发、裤子与裙子一样：它们只是一些人有、另一些人没有的特征。孩子还不知道生殖器官的生理学意义。

马西姆，2岁。他很在意自己的小鸡鸡。他最近问我有没有小鸡鸡，我对他解释说女人没有。我不确定他是不是真明白，因为他说"马马（他给自己起的名）有小鸡鸡，西奥（他哥哥）也有，爸爸也有……"，然后顿了顿，"奶奶有吗？"

海伦娜，2岁。她知道男孩与女孩的不同之处。她确信男孩应该穿紧身短裤而女孩应该穿女士专用灯笼裤，但她曾经问我为什么她没有小鸡鸡。

儿子菲利普（3岁）和女儿莎拉（4岁）一起洗澡时，菲利普问我："你怎么知道我是男孩而莎拉是女孩？是不是因为我剪了毛发？"

乔舒亚，3岁。他最近问妈妈，"你的小鸡鸡在哪儿？是不是在毛发下面？"

利昂，4岁。他对我说，"男孩子都有短裤。你的短裤丢了还是破了，妈妈？"

大约3岁时，大部分孩子能从照片上正确分辨出和自己性别相同的孩子，称他们为男孩或女孩。这主要靠观察脸型、发型、发长和服饰等。有趣的是，一旦孩子可以做到这一点，他们就更愿意选择和自己性别相同的孩子一起玩耍。孩子对性别的理解不断加深，这极大地影响了他们的行为。但目前尚无理论能完整地解释孩子在1岁时，甚至不知道自己属于哪种性别之前，为什么会偏好特定的玩具和行为。

▮▮▮ 到3岁时,孩子对性别的真正含义有了更清楚的认识。知道了"男孩做什么"和"女孩做什么"的规则,努力在男孩与女孩之间划出清晰的界限。

03 男女有别,性别界限分明

一般情况下,男人与女人的言行举止不同,社会角色不同。本书的前面已经说过,孩子在意识到男女之别之前,不仅对不同的玩具显示出不同的偏好,而且从观察周围成人和其他孩子了解了男人女人的典型行为。从2岁起,一旦孩子知道了男女有别,他们就会注意到"男孩做什么"和"女孩做什么"的惯例和规则。

到3岁时,孩子能清楚地分辨出自己的性别,并且对性别的真正含义有了更清楚的认识。"男孩做什么"和"女孩做什么"的概念与自身的联系也越来越密切。孩子现在知道了男孩、女孩应该做什么的规则,而且往往黑白分明地应用这些规则,努力在男孩与女孩之间划出清晰的界限。这个阶段,孩子的思考方式还不灵活,甚至可以说很刻板,所以他(她)迫切需要清晰的规则。学龄前孩子经常说"男孩的东西"或"女孩的东西"之类的话,听起来真是像性别歧视者!看看下面的例子。

　　詹姆斯,3岁。他的大男子主义思想特别严重,对此我很担心。

　　利昂,4岁。他经常这样说:"这是男孩的东西"或"女孩子不能用",还常说"女孩和男孩做的事情不一样""男孩能坐宇宙飞船"等。

　　亚历克斯,4岁。他常说,女孩喜欢粉色,穿裙子和留长头发。

　　孩子还把这些性别规则应用于衣着玩具、行为方式等。以下日记摘选就是典型的"性别欣赏"行为。

　　我的孙子亚历山大,有一头漂亮的卷发。快3岁时,他坚持让妈妈把他的头发剪了,要使他"看起来像个彻彻底底的男孩"。现在他4岁半了,有一次让他穿紧身袜(当时天气很冷),他就大发脾气,"不,不,不,只有女孩子才穿紧身袜!"现在他成天穿着短袜,冻得腿冰凉。而他的弟弟米沙就很乐意穿紧身袜。

苏菲，4岁。她认为女孩子只能穿粉红色衣服。给她买衣服真让人头疼，因为她非粉红色的衣服不穿。

利百加，3岁。她不喜欢我穿他爸爸的衬衫或T恤。

孩子在选择玩具时也会应用性别规则，而且表现得十分明显。如果给一个小女孩布娃娃、玩具卡车或者更中性的玩具，比如动物玩具时，她往往先瞥一眼这些玩具。但这一瞥可不是盲目地看——性别发展理论表明，她正在认真地评价每个玩具，并根据自己的规则判定哪件玩具是给女孩玩的，哪件玩具是给男孩玩的。一旦她确定了，她就会选和自己性别相符的玩具。

▎ 模仿，尤其是成人对孩子模仿行为的态度，微妙地促进了孩子性别意识的形成，教他们学会了与自己性别相符的行为方式。

04 模仿成人，性别角色学习

一旦掌握了性别的概念，孩子就开始根据自己对两性特征和行为模式的理解来解释这个世界。到3岁时，孩子已经形成了自己的性别认同，对与自己性别相符的东西和活动越来越感兴趣。这一过程中，社会学习和成人示范起了重要作用。孩子通过观察男人、女人的大量活动，学会了与自己性别相符的行为方式。孩子最早的性别角色学习，在双亲家庭中，就是经常模仿同性父母的行为和活动。

模仿，尤其是成人对孩子模仿行为的态度，微妙地促进了孩子性别意识的形成，教他们学会了与自己性别相符的行为方式。男孩模仿爸爸——家里的"大男孩"，当男孩模仿爸爸的言行举止时，往往会受到鼓励和表扬。同样，女孩模仿妈妈，也会受到赞许和关注。例如，一个3岁小男孩会乐颠颠地像爸爸那样装做使用扳手和锤子,而小女孩往往像妈妈照料婴儿一样"照料"她的布娃娃。爸爸、妈妈、爷爷、奶奶、保姆、家庭朋友、姑姨伯舅、哥哥姐姐皆是孩子模仿的榜样,孩子的模仿范围也非常广。

伊万,3岁。他喜欢像爸爸那样说脏话,还装抽烟的样子。

萨米,3岁。 他喜欢模仿爸爸。内奥米,5岁。她喜欢模仿我,特别是我大声嚷嚷时!

阿比吉尔,3岁。她喜欢模仿我——扮成妈妈喂她的布娃娃,还假装做饭和熨衣服。

布雷德利,4岁。他喜欢拿着塑料工具模仿爷爷修家具。

利百加,3岁。她喜欢跳舞,经常模仿电视里的舞蹈演员。她总是说"我是个女孩"。看到我化妆时,她也喜欢涂口红或抹其他化妆品。但是她不喜欢穿裙子,如果我给她穿裙子她就闹腾。我估计因为我不喜欢穿裙子,她也就不喜欢了。

丽贝卡,4岁。她好像总在模仿我。她喜欢花时间选衣服、梳头发,喜欢像我一样长时间洗澡。当她和玩具娃娃玩时,她就像妈妈一样和玩具说话,也像我批评她一样批评玩具娃娃。她还常假装生了小孩,而且常常是"生"女孩。有时如果"生"了个男孩,她会说,"妈妈,我刚生了个男孩,你抱走吧。"

有趣的是,孩子很少对他们异性父母的梳妆打扮产生兴趣,也可能是因为父母的反应打消了这种兴趣。爸爸会兴致勃勃地给儿子表演怎么刮胡子,但会把女儿赶走,并告诉她,女孩子不能刮胡子。与此相似,妈妈会很高兴地给女儿嘴唇上涂口红,但会告诉儿子,男孩不能涂口红。

萨克逊,3岁。当看到我早上化妆时,他就常常让我给他也涂口红。起初,我给他涂了一点,但后来觉得这样不好,就再也不给他涂了,并告诉他因为他是男孩子,所以不能涂口红。

上述就是在行动中进行社会学习的精彩例子,这表明了作为父母,我们会根据自己心目中的社会习惯教孩子一些性别刻板行为。

到3岁时,孩子会根据自己观察到的成人所扮演的角色,为不同性别赋予不同工作。

特列缅,3岁。他认为爸爸应该上班,妈妈应该照看小孩。

我女儿乔基，4岁。她已经形成了固定想法。她认为妈妈应该开车、留长发、刷牙，而爸爸应该用肩膀驮着她，逗她玩等。

埃莉，5岁。她认为女人就是妈妈，而且应该工作在有孩子的环境里，例如当老师，而男人就应该离开家去上班。

4岁左右的孩子还很难把两个不同的概念同时应用于一种情形。他们虽然能够理解，一件事情可以用多种方式来表达，但做起来还是很困难。于是，有时4岁的孩子就无法理解男人或女人可以在生活中同时有多个不同角色。例如，一位女性可以既是妈妈又是医生，但在她4岁孩子的眼里绝不能是这样的！正在领悟多重角色概念的孩子有时不相信这种事情会发生。

我们家有一位女家庭医生，我儿子克雷格说，那个人不能当医生，因为她是女人。

▨ 4岁时,孩子仍不能完全理解性别的恒常性,以为换性别像换衣服那么容易。比较生殖器官的差异,是孩子认识性别本质和恒久性的最后一步。

05 装扮可改,性别恒常不变

虽然3~4岁的孩子渐渐掌握包括自己在内的男孩与女孩的言行举止、衣着打扮的社会习俗,但他们还不知道性别是终身不变的:他们知道自己是男是女,但不知道自己的性别是不会改变的。例如,3岁的女孩可能认为自己曾经是个男孩,特别是当她认识的孩子恰好都是男孩时。与此相似,她也不会认为自己以后一直就是个女孩,而且长大后会成为一个女人。来看看下面的例子。

艾米,3岁。最近她常说,"我长大了会像爸爸一样。"

我儿子贾森,3岁。他拒绝在他成为一个"大女孩"之前穿紧身裤。

法比亚，4岁。他发现他认识的一个女孩没有小鸡鸡时，非常震惊。当我说"她当然没有小鸡鸡了，因为她是女孩"时，他回答说，"我以为女孩小的时候也有小鸡鸡，等她们长大了才没有的。"

这个年龄的孩子还不知道性别是终身不变的：女宝宝长成小女孩，小女孩长成女人；而男宝宝长成小男孩，小男孩长成男人。到4岁时，孩子虽然可以认识到这一点，但仍然不能完全理解性别的恒常性，总认为性别是由外表决定的。他们认为，换性别就像换衣服那么容易。例如，3岁的女孩会乐颠颠地以为她只要给弟弟穿一件粉红色裙子，就能把他变成女孩。

萨克逊，4岁。我本以为他知道自己即使穿上裙子，也不会变成女孩。但有一次我问他，他竟然不假思索地说：穿了裙子，他就会变成女孩，还对我说"你真傻"。

亚历克斯，4岁。有一次给他穿了一件女式短袖衫，他竟然哭了起来，因为他怕别的孩子认为他变成了女孩。

4岁的孩子很容易被外表发出的性别信号所迷惑，他们认为长头发、穿裙子的就是女人，短头发、打领带的就是男人。如果同一个人换了不同衣服，换了发型，不懂性别恒常性的孩子会说那个人换了性别。

孩子的主要问题是，不理解外表往往具有迷惑性。这常常发生在判断性别时。直到4~5岁，孩子才能做到心理学家所称的"外表与事实的区分"。如第一章所述，孩子这时开始知道人们有不同的想法，从而对同一件事情有不同的看法或见解。与此同时，孩子也意识到自己对一件事情也能有多种看法。一旦明白了这点，孩子就明白了一件东西或事情的表面是一回事，而事实是另一回事。换言之，孩子可以做出"外表与事实的区分"，就可以掌握两方面（外表和事实）的不同表述能同时用于一件东西或事情。

孩子如果无法区分外表与事实，往往认为外表就是事实，并认为，一个人如果看起来像女孩，那就是女孩。当然，这不仅仅适用于判断性别。

测试孩子区分外表与事实的经典方法就是把一只狗打扮成猫。在这个测试中，孩子站在小舞台前，幕布拉开后出现一个人抱着一只狗。试验人员介绍那只狗，"它叫志高"，然后问，"志高是什么？"孩子当然会说，"它是一只狗"。试验人员然后解释说，"我们准备与志高玩个小游戏，"边说边在狗头上套了个猫面具，然后问孩子，"志高现在看起来像什么，猫还是狗？"果然不出所料，孩子说，"像猫！"试验人员然后又问孩子，"那么志高实际上是猫还是狗？"只要猫面具还在狗头上，4岁以下的孩子通常会回答"志高是猫"。他们似乎认为，志高的本质是和外表一致的，所以它应该变成了猫。然而，4岁以上的孩子就能理解志高即使戴了猫面具，也还是狗。掌握这一概念的孩子也就能理解，无论外表怎么变，性别仍然保持不变。

塔维斯，4岁。他知道自己是男孩，但常假装成女孩。不过他知道，自己即使乔装打扮了，仍然不是真正的女孩。

杰克，5岁。他知道穿上裙子不会让他变成小女孩。

比较生殖器官的差异是孩子认识到性别本质和性别恒久性的最后一步。这个阶段，大部分孩子会对生殖器官产生浓厚兴趣，因为这是男女生理差异最明显的外部标志。2岁时，孩子就能注意到男女生殖器官的不同之处，但到了4岁，他们才能弄清生殖器官的意义及其与两性的关系。

我的双胞胎女儿弗朗西斯卡和茜丝莉，4岁。她们说男孩有小鸡鸡，女孩有"私处"。

我女儿乔基，4岁。她对男性生殖器官很好奇，但很少谈起，她似乎认识到这就是男孩与女孩的不同之处。

阿比吉尔，3岁。当问她怎么知道自己是女孩时，她说因为她没有小鸡鸡。

伊万（3岁）和亚历克斯（4岁）。他们都知道男孩有小鸡鸡而女孩没有，但他们还没有问过这究竟为什么。

当到达性别认同发展的最后阶段时,孩子终于知道性别是一生一世不会变的,同时知道自己要么长成男人要么长成女人。他们还知道,男孩长大成男人,女孩长大成女人,而且只有女人才能生小孩。以下日记摘选说明了这个年龄的孩子是怎样思考的。

西奥,5岁。他知道男女有别。他说,"男人比较强壮,不过除了长得不一样外,其实男女也差不多。男人和女人穿的衣服不一样。男人不生小孩,没有私处,不留长头发。"

妮可拉,6岁,她知道孩子是从妈妈肚子里出来的,而不是从爸爸肚子里出来的。

孩子要理解性别的恒久性,还取决于其思考方式的重要转变。孩子原来大多靠直觉思考,主要依赖对世界的直观认识,现在则被一种更具逻辑性的世界观所替代。孩子对事物的认识进步了,也更加抽象了。他们现在知道,周围世界的一些事物往往在表面上呈现出千变万化,而其本质是永恒不变的。这样,孩子就能凭所知而非所见来认识世界,也就知道一个人无论其他方面怎么改变,性别总是保持不变的。

知道性别保持不变的孩子,与不知道性别恒久性的孩子有非常明显的差别。例如,在现实生活中,孩子会遇到形形色色的男男女女，比如留着披肩长发、系着粉色围裙的男人。对3~4岁的孩子来说，一个人打扮成这样，显然就是个女人。不过对6岁的孩子来说，这个人虽然看起来像个女人，但实际上还是个男人。假如这个男人解下围裙、脱掉内裤，6岁的孩子看了一点也不会觉得惊讶，而3岁孩子就会惊得目瞪口呆，那个"女人"竟然变成男人了！

> 性别隔离最早出现在2岁时，通常在3岁时就已形成。4岁时，孩子与同性孩子交往的时间大约是与异性孩子交往时间的3倍，到6岁时则是11倍。

06 性别隔离，喜欢同性玩伴

随着孩子之间不断交往，和其他孩子一起玩的机会也多了起来，孩子们明显偏爱与同性伙伴玩一些特定的游戏。这种性别隔离现象最早出现在2岁时，通常在3岁时就已形成。让孩子自己玩耍、自己选择小伙伴时，男孩、女孩极有可能按性别分成两组。这就说明游戏中性别隔离主要来自于孩子自身，而不是来自于监管他们的成人。以下日记摘选比较典型。

阿比吉尔，3岁。她常说她不喜欢男孩了，只和女孩玩。

詹姆斯（3岁）和埃莉诺（5岁），我让他们选择小伙伴，虽然他们都有异性朋友，但他们主要还是选择和同性朋友玩。

> 我女儿乔基，4岁。虽然她有一些男性小伙伴，但她说男孩都很淘气，她觉得女孩都十分乖。

这个年龄的孩子在选择小伙伴时有这种明显的性别倾向，至少有两种可能的解释。一是早期的性激素可能影响了孩子的玩耍方式。人们认为，男人和女人行为的区别和性激素影响大脑中与性格和攻击性相关部位有关。男孩比女孩的力气大、肌肉发达，他们更愿意参加一些更喧闹的活动。肌肉用得越多，越能得到锻炼，孩子也就长得越来越壮。也许正因为这些生理差异，男孩往往在一些运动中表现得更粗野、更有力。女孩在玩耍时则往往表现得更文静、更乖巧。

这种区别即使在孩子很小的时候也非常明显。一旦孩子们愿意在一起玩了，他们往往选择与自己玩耍风格相近的小伙伴，这就自然产生了性别隔离。例如，女孩会发现男孩更活跃、更喧闹、更好斗，简直难以忍受，所以更愿意和其他女孩玩。同样，男孩发现女孩不主动、不活跃、太安静，也不愿意和她们一起玩。

二是性别角色学习可能导致了玩耍时的性别隔离。一种理论认为，孩子一旦知道自己永远是男性或者是女性，就开始积极主动地学习和自己性别息息相关的各种行为。当然，这并不能解释在孩子真正理解自己性别保持不变之前的行为方式，但有助于解释为什么学龄期儿童往往更愿意和同性伙伴交往。

当然，以上两种解释并不自相矛盾。喜欢与相同性别的孩子玩耍，愿意了解自己性别的更多信息，两者都有可能促进孩子中常见的性别隔离现象的形成。

到4岁时，孩子与同性孩子交往的时间大约是与异性孩子交往时间的3倍；到6岁时，孩子与同性孩子玩耍的时间则是与异性孩子玩耍时间的11倍。一项对8~11岁孩子的研究表明，一半孩子与同班的异性同学竟然从来没打过交道。可见与更小的时候相比，这个阶段孩子的性别隔离情况发展得更为明显。

安妮米卡（女孩），7岁。她认为男生都很傻，不愿意与他们一起玩，见了他们就想躲。今年，她在女子班上了两个月课后，说她一点也不想念那些男生。

卡里尔（男孩），7岁。大部分时间和男孩一起玩。他对异性没有确切的看法，他曾经说班里的一些女生不是蛮不讲理就是十分淘气。但是，他似乎有点害怕班里的女生。

塔芙（女孩），8岁。她竟然说，男人非常没用，并且十分愚蠢。这听起来真有点恐怖。但是，在我家确实是女人说了算，女人们坐在一起说话总是喋喋不休，显然塔芙也在朝着这个方向发展。

乔纳森（男孩），9岁。他的朋友基本上都是男孩。
莎拉（女孩），8岁。她的朋友基本上都是女孩。而小一点的孩子，伊丽莎白（6岁）和埃莉诺（2岁）。他们的朋友中则男孩、女孩都有。

事实上，孩子不仅会"自觉"选择与同性孩子一起玩耍，还会尽力避开异性孩子。孩子们会分成两拨儿，甚至相互谩骂。虽然嘴上骂得厉害，但他们并不是真的恨对方，只是担心在同性小伙伴面前如果对异性表现得过于热情，怕被认为是"娘娘腔"或者"假小子"，从而不被"自己一伙儿"接受。

马西姆，9岁。他讨厌女孩，绝不和女孩玩，也不让她们参加"他这一伙儿"。虽然他允许朋友的姐姐来家里玩，但从来不和她们说一句话。他弟弟科里，7岁。他也不喜欢女孩。如果科里参加女孩的聚会，马西姆就要嘲笑他。

萨莎（10岁）和塔拉（4岁），她们两个都讨厌除兄弟尼克（8岁）外的所有男孩。

然而，有趣的是，这种行为往往以群体性出现，而不具有个体性。当同性小伙伴在周围时，孩子往往会不理异性小伙伴，但回家后，异性小朋友们可能在一起玩得十分开心。

芬利，6岁。他主要是玩乐高，但当周围有女孩时，他很乐意把妈妈的旧芭比娃娃给她们玩。如果她们不喜欢，他会非常难过。他似乎十分喜欢与女孩玩过家家,但根本不想和男孩玩这个游戏,和男孩在一起时甚至只字不提!

> 我儿子乔基,7岁。他常和男孩混在一起,但他也很受女孩欢迎。他经常是受邀参加女孩聚会的唯一男孩。当然,他也因此经常受到哥哥哈利(11岁)的嘲笑,不过,他总是竭力为自己辩护。

同性小伙伴对性别角色和性别刻板行为的发展具有非常重要的作用。同性小伙伴之间以性别特有的方式玩耍,通过共同参加、互相表扬来积极强化性别意识。而在同性孩子中,特别是男孩之间,如果做出与性别不相符的行为,常常会受到鄙视、批评,甚至会被拒之圈外。一旦孩子按性别分成两拨儿,随着他们相互增强对男女处事方式的认识,他们的玩耍风格和行为风格愈发变得不同,然后逐渐定型。

女孩往往三五成群,或文静地在一起玩,或一起聊天。她们通常有一两个亲密的"好"朋友,地位相互平等,而且会尽力避免冲突。女孩通过谈话、分享秘密、形成亲密的感情来维持关系。

> 莎拉,8岁。她和朋友们谈论衣服、男孩和流行音乐。有时她们还办个"小晚会",并让大家来观看。她们对自己扮演的角色都很投入。

相反，男孩往往"拉帮结伙，胡作非为"。他们更愿意通过身体来解决冲突，用拳头来解决分歧。男孩的友谊往往建立在共同活动和兴趣之上，例如运动，而不是以共同情感与信任为基础。

乔舒亚，9岁。他和朋友谈论比赛结果，就哈利·波特聊得头头是道。给他介绍新朋友时，他就会先问对方，"你支持哪家足球俱乐部？"

男孩比较喜欢群体行为，经常和一些精心挑选的同性小伙伴成群结队地到处乱跑，相互支持、相互竞争、相互攀比。男孩常常需要一种明确的等级划分，这正是他们爱拉帮结派的原因，这样可以带来秩序感、归属感、安全感。然而，女孩则很少会这样考虑，如果她们认为不安全，更可能躲得远远的，而不会冲过去叽叽喳喳吵个不停。随着孩子不断长大，男女之间的行为差异变得越来越明显。下列日记摘选对此进行了很好的总结。

我有两个儿子，卡斯帕（9岁）和马克斯（7岁）。我感觉男孩更活泼好动，而女孩则更容易集中注意力。

罗温，11岁。像其他男孩一样，他不能像女孩那样安分、爱干净和注意力集中。男孩往往以自我为中心，有时还有点脆弱——培养21世纪的男子汉真是太难了！

稍大点的孩子还会模仿同性别角色榜样的一些行为，因为他们觉得做出与自己性别相符的行为比较妥当。看下面的例子。

卡里尔，7岁。他说话时喜欢模仿爸爸的音调、面部表情和姿势。

双胞胎女儿阿玛莉亚和泽哈伊，9岁。她俩都模仿妈妈，特别是相互批评时——双手叉腰，还不停地模仿妈妈曾说过的一些话。

比利（10岁）和贝基（7岁），他们都愿模仿他们的爸爸。贝基会帮着扫地、打蜡，想把家里打扫干净。比利则喜欢帮着做园艺和手工活。

▇▇▇ 到7岁左右，孩子会认识到自己以往理解的性别规则并非一成不变，女孩可以做通常认为是男孩该做的事，男孩也可以做女孩该做的事。

07 角色互换，性别规则变通

虽然孩子早期对性别的理解缺乏灵活性，但终有一天，他们会认识到，性别规则并非一成不变，而是可以适当变通的。这一点可以从一名男孩在儿时各个阶段帮妈妈打扫厨房地板的简单例子中得到很好的证明。2岁时，他很乐意帮妈妈扫地，因为他爱模仿妈妈，也想模仿妈妈。然而，3～4岁时，他通常会拒绝帮妈妈扫地，因为他认为这不符合自己的性别规则，扫地是女孩干的活，男孩不应该干。不过到了8岁时，他又会很乐意帮妈妈扫地，因为他认识到自己以往所理解的性别规则（比如，女孩才扫地）只是习俗罢了，并非一成不变的死规定。

这种转变最早出现于7岁左右，这时孩子的思维方式更加灵活，认识到自己以往理解的性别规则在现实生活中并不完全适用。现在，孩子认识到，女孩可以做通常认为是男孩该做的事，男孩也可以做女孩该做的事。妈妈可以是医生、军人、经理，而爸爸也可以是护士、秘书、"家庭主夫"。随着自己不断长大，孩子也逐渐放宽了对性别的成见。看看下面的例子。

霍莉，7岁。她说男孩也很可爱，他们也能做女孩做的事情。

贝基，9岁。她认为女人和男人基本都能从事任何职业。例如，她的家庭医生和牙医都是女性，她妈妈是律师，妈妈最好的两位女友也是律师，而附近一些小学的老师则都是男性。

乔纳森（9岁）和莎拉（8岁），他们认为女人应该照看孩子、洗衣做饭、打扫家务等，而男人应该出去工作和踢足球。然而有趣的是，他们觉得有些工作是男女都能从事的，比如，男人和女人都能当医生、警察、护士等。

当懂得性别角色的灵活性时，孩子在判断时就会树立新的信心，做出的判断也会更成熟。来看下面的例子。

一个男孩说，与女孩一起玩是娘娘腔的表现。我儿子塔列辛（9岁）却反驳说，世界上一半的人是女的，如果他不会和女孩相处，长大后就麻烦了。

玛丽，9岁。她对性别歧视很敏感。如果她从电视中看到有性别歧视表现的主持人，就立即指责他。

艾莎，10岁。她认为女人和男人都应该出去工作，下班回家后一起洗衣、做饭、干家务活。

阿蕾莎，11岁。她认为，不只男人能干事业，男人能干的事情，女人同样能干。

孩子具有了性别角色灵活性的认知，在对待异性友谊时会充满信心。在操场上，他们可能还会觉得与同性小伙伴玩耍更自信一些，但在操场外，孩子们的友谊开始变得越来越灵活多样。

我儿子哈利，11岁。有一个女孩是他最好的朋友，不过那女孩是个假小子。他们四个人经常黏在一起：两个男孩，两个女孩。

乔纳森，9岁。他说班里的女生聪明又可爱，是他的"朋友"，但不是"女朋友"。莎拉，8岁。谈起她认为好看的男生时，她就会脸红。

孩子明白了性别角色的灵活性，在参加一些活动时会感到更自在些。

塔芙，8岁。她对布娃娃从来就不感兴趣，她喜欢软玩具，而且能长时间地玩。她还经常收拾家里的仓库，把一些旧东西挑出来尝试做各种机器。她喜欢跟爸爸跑到车库里，用木头和金属做手工活。

随着步入青春期，孩子对性别的理解也变得复杂而灵活。忆往昔，孩子躺在摇篮里，周围的人对他（她）笑，温柔地对他（她）说话；孩子注意周围那些不同的面孔、不同的发型、不同的声音、不同的姿态。看今朝，他（她）不断进步，掌握了适应花花世界所必备的工具。这时候，曾经羁绊孩子行为的条条框框已然远去，取而代之的是对男女角色更为灵活的理解。进入青春期后，孩子很快就会找准自己的角色，不久之后，他（她）还会发现异性的吸引力。

第四章

思考能力

　　我们应用已经记忆的信息,加以思考,形成新的结论和观点,这就是思考能力。这是人类优于地球上所有其他物种的一种能力。

"Cogito, ergo sum"我思故我在——法国哲学家笛卡尔如是说。笛卡尔在这句简朴的话中说出了人类最本质的一个特征，人无时无刻不在思考。短短一分钟之内，我们的头脑中会闪过无数个念头。这些念头包括安排食谱、列购物单之类的家常小事，也包括像安排日程、开车选路之类的复杂问题。

比如，开车时选择走哪条路，司机脑子里可能已经有既定的路线，但由于当时的特殊原因必须改变路线。这时，他一边继续开车前行，一边看着路标，脑海中还考虑着不同的路线方案，比较着它们的长度（距离和时间），决定到底该走哪条路。司机除了开车外，还要考虑车里其他人的建议，可能还得听听语音导航，甚至还会同时听听音乐！

作为成年人，我们能轻而易举地应对上述种种情况。因为我们知道，生活中万事皆有定法。我们能理解简单的物理定律，可以理解标志、符号和文字，甚至是用多种语言书写的。我们能够未雨绸缪，权衡利弊，正确抉择。总之，我们拥有惊人的思考能力和推理能力，正是我们不断应用这些能力，才让这个世界变得丰富多彩！

思考能力最重要的一个方面，是我们能够思考没有亲历亲见的事。我们不仅能思考真实的物体、人物和事件，还能思考虚幻的，甚至从未发生过的事情。例如，许多人都曾做过买彩票中奖的白日梦！我们还能表达和理解像爱情、真理、正义之类的抽象概念。

我们的推理能力和思考能力一样惊人。我们能弄懂事物的基本原理和运行机制。通过直觉和演绎能力，我们可以预测和推断在特定情况下会发生什么事情。通过逻辑推理能力，我们可以用以往的经验解决类似的新问题。有时，思考能力可以实现惊天动地的飞跃，比如发明蒸汽机、电灯、电话、计算机等。不过大多数情况下，思考能力往往体现于细微之处。比如，从头开始学炒菜，计划假期旅游路线，琢磨怎么把台球打进洞，等等。虽然日常的思考能力和推理能力不是那么惊天动地，但也必不可少。如果一个人过马路时不能正确判断来往车辆的速度，那恐怕他（她）的命也不会太长久，虽然这只是个再平常不过的推理过程！

构成人类一切智力成果的基础是记忆力。如果没有记忆力，那么每次新的经验和信息似乎都是独特的，大脑又得重新开始处理。大脑记录、存储、检索信息的能力使我们能够忆往开来。我们可以应用已经记忆的信息，加以思考，形成新的结论和观点，这就是思考能力。这是人类优于地球上所有其他物种的一种能力。

▌▌▌ 刚出生的几个月内,婴儿与外界打交道主要是靠行动,而不是靠思想。到18个月大时,孩子就已经成了探索世界的"专家"。

01 积极探索

孩子刚出生时,对世界知之甚少,根本无法像成人一样思考。然而,孩子从出生的那一刻起,就开始探索这个世界,不断建立识别单元,获取各种能力,逐渐像成人一样独立自主。

刚出生的几个月内,婴儿与世界打交道主要是靠行动,而不是靠思想。这时,孩子的生理发育很快——学着吮吸、抬头、伸手、坐直、爬行,同时孩子也在观察周围的人和物,与他们"交流",注意着人们对自己行动的反应。

起初婴儿意识不到,周围还存在许许多多他(她)不能直接察觉的东西——似乎他(她)看不到、听不到的东西就不存在。不久,孩子就认识一些东西,但还是没有过去、现在与将来这样的概念。例如,6个月的宝宝弗莱迪喜欢玩婴儿健身器,父母也经常拿给他玩。妈妈把健身器放在他前面,他会伸手去摸;妈妈拍拍挂在上面的镜子和彩色玩具，使他懂得看和摸是两码事。玩婴儿健身器时，弗莱迪必须记住如何伸手去够玩具、如何握拳抓玩具、如何用手拨弄玩具。在这些简单的动作记忆中，孩子正在建立起像成人一样思考的第一批记忆模块。如果记不住物体与相关经验，每次遇事都得从头开始。此时弗莱迪还只能记住眼前的东西，只有看到健身器时才能想到它，一旦将健身器从他面前拿走，他就可能忘得一干二净，再给他放回来，他或许又能记起来。

纵然如此，婴儿似乎天生就具备了解掌握物理世界的能力。通过观察周围环境，与周围环境交流，他（她）迅速积累大量信息。即使很小的婴儿，也能弄清事情发生的来龙去脉。坐在婴儿高脚椅子上时，婴儿会观察和了解一些物理规律。首先，孩子会发现固体不能穿过固体——椅子会支撑着他（她），面前的盘子会支撑着他（她）的碗、勺子和拨浪鼓。其次，孩子会知道如果他（她）不推、不拉或不拿起盘子里的东西，这些东西会保持不动——它们不会自己动。再次，如果孩子拿起拨浪鼓扔在一边，他（她）就会知道当拿着东西的手松开时，东西就会往下掉，而不会向上飘。孩子还能学会发出声音，让别人把东西捡回来，他（她）又可以继续扔。这样，孩子就可以重新试验在上次观察中发现的物理规律，在下一轮试验中是不是仍然适用。

埃莉，8个月。她坐在婴儿高脚椅子上时，喜欢把东西从托盘上推下去。她做这件事情时十分专心，而且还会开心地笑。现在她还开始试着扔东西了。

杰米，9个月。他把手里的东西翻过来倒过去地左看看，右看看，还摇一摇、晃一晃、碰一碰、咬一咬。

到18个月大时，孩子就成了探索世界的"专家"。现在，他（她）通过反复试验和不断重复，开始了解物体物理运动的方式，探索物体能做什么、不能做什么。这种对物体的早期理解让孩子学会类比推理，即通过联想上次成功达成目的的情况来解决某种问题。如果孩子以前知道怎么把一个圆形物体插到圆洞里，现在他（她）就可以推断出把方形物体插到方形洞里。这个年龄的孩子要不断探索新信息，所以他（她）总是爱把东西拆了又装上，这其实是学习过程的一部分。看看下面的例子。

乔斯，18个月。他喜欢见东西就拆，还喜欢把东西收拾到盒子里和帮忙打扫卫生。

海伦娜，2岁。她非常喜欢破坏别人的工艺品，她还会全神贯注地搭积木。

孩子的探索行为有时看起来很淘气，但他们要弄清世界的那些举动、那份投入简直就像小科学家。他们还不断尝试已经知道的规则，看看哪些行为能接受、哪些行为不能接受。

娜塔莎，21个月。她有时非常调皮。例如，她把蜡笔扔到厕所里，打开水龙头洗玩具火车，在墙上涂涂鸦，把衣服扔进澡盆里。

> ■ 假装游戏是锻炼思考能力的最坚定一步。学会"假装能力"的孩子，能在脑海中以想象的方式表达世界，这正是成人思考能力的基石。

02 开始思考

开始学步时，孩子就能发挥想象力和学着"假装"。这也是首次发出了真正的思考信号。通过在假装游戏中发挥想象力，孩子巩固了对世界的认识，但假装游戏远远不只是锻炼想象力，还是锻炼思考能力的最坚定一步。学会"假装能力"的孩子，能在脑海中以想象的方式表达世界，这正是成人思考能力的基石。

18个月左右时，孩子开始玩假装游戏。刚开始时，这种假装游戏比较简单，但这是培养抽象思维能力的关键一步。孩子所见、所玩的东西往往在他们首次飞往幻境之旅中起了推动作用。例如，18个月大的弗莱迪喜欢玩塑料茶具，还会想象杯里有茶、盘中有饭。他常常很高兴地假装在吃饭喝茶，而且"吃"得津津有味！这不仅仅是想象力的大飞跃，也是孩子第一次想到视线以外的东西。

罗西，16个月。有一天玩小茶具时，她假装给自己倒了一杯茶，还装模作样地喝。她兴奋不已地喊，"茶，茶，茶！"。我当时真有些兴奋，因为我以前从来没有见过她玩假装游戏。

山姆在18个月大时开始玩假装游戏。他对着自己的玩具电话咿咿呀呀地说个不停，还装着吃塑料食品。他还喜欢在自己的玩具煮锅里假装做饭。

随着孩子认识世界的能力不断发展，他们假装的东西也越来越复杂。渐渐地，他们凭空想象的能力越来越强，很快就可以不用塑料杯当道具，假装在喝茶——现在他们既能想象出茶，也能想象出杯子。下一步就是"联合假装"，即与另一个人一起玩假装游戏。到2岁，孩子开始这么做。

奥莱文，2岁。他喜欢与爸爸妈妈一起玩假装游戏。他最爱的假装游戏是"睡觉宝贝"——他爸爸和我装成睡觉的宝宝，然后我们醒来假装哭，直到假装成妈妈的奥莱文找来一只泰迪熊或者毛毯，哄我们说，"不要哭，宝贝，不要哭！"奥莱文觉得这样十分有趣。他还喜欢扮演医生，而我们则轮流装成各种患者，让他拿手帕给我们"包扎"。

随着孩子对以前的活动有了记忆,他们开始谈过去、论将来。不过由于这时他们的抽象思维能力还未发展成熟,往往还得靠视觉和声音提示来唤醒记忆,比如,曾经去过地方的照片或熟悉的旋律。

托马斯,2岁。他看到奶奶的一张照片,说,"奶奶,奶奶,去海边。"他上次见奶奶时,奶奶带他去了海边,所以他看到这张照片时就想起去过海边。

奥莱文,2岁。我们路过一家饭店时,他指着饭店对我说,"那里有咖啡,还和一个男人说话了。"我完全愣住了,后来才想起来,他在说我们10天前去那家饭店时,我们向服务员(男性)点了咖啡。我很惊讶,这期间并没有提起过这事,他竟然还能记得!

蕾安娜,2岁。如果听到有人唱儿歌的第一句,她就能完整地唱下来。

▰▰ 孩子要走入花花世界，让生活变得丰富多彩，就要记住并理解标志、符号和语言。学习使用文字、图画等可以培养孩子的想象力，让孩子展开抽象思维。

03 符号世界

成年人用各种不同的符号表达世界。使用符号使我们能够共享信息，讨论和思考其实不存在的东西。人类最重要的符号是文字和图画。我们利用这些符号，向别人解释一件事物，反过来理解别人对这件事物的看法。例如，当一个人向另一个人说"树"时，他俩都知道那个声音（即词）代表什么，说话的人不需要真的搬棵树出来。想象一下，如果两个人要谈论一件东西，必须得看到或者感觉到这件东西才能交流，那生活会变得多难熬啊——交流变得极其困难，谈论过去的事情更是完全不可能！

孩子要走入花花世界，让生活变得丰富多彩，就要记住并理解标志、符号和语言。学习使用文字、图画等符号可以培养孩子的想象力，让孩子展开抽象思维。

孩子一出生，就沉浸在看护人的声音之中。从那时起，他

（她）就开始识音断字。孩子开始说话时，就学着把特定的声音与特定的物体联系起来，学着掌握何种符号可以代表何种物体。这么做并不总是轻而易举，孩子经常在刚开始学习说话时犯错。例如，常见的错误是把圆的东西都叫球。这时候，孩子可能认为声音"球"就是指圆的东西，但他（她）不知道圆的还可能是其他的东西，比如轮子、太阳或橘子。类似的错误还有叫所有男人"爸爸"，或者叫所有动物"狗"。

奥莱文18个月大时第一次见到羊，但他不知道叫它们什么。他一会儿叫它们小牛，又叫它们小狗、小猫。看起来奥莱文十分困惑。

当孩子喊错东西的名称时，成人往往会纠正他（她）。反馈和模仿共同结合，孩子如此学习新词汇，弄清每个词的准确意思。人类天生就有语言学习能力，虽然学习说话的任务比较艰巨，但孩子进步很快，满6岁时，孩子每天平均可以学会6~10个新词。这个年龄大部分孩子会沉浸在图画书中，聚精会神地看并能记着他（她）在书上看到的东西、动物和人的名字。

直到现在我依然清楚地记得，萨克逊从小就爱看书，他会长时间全神贯注地看书中的图画和文字，领悟它们代表的意思。

看图说话可以帮助孩子掌握最重要的符号——母语的文字，这是必须要学会的。在成人的陪伴下，"读书"可以帮孩子理解每个词代表的物体或概念，逐渐学会每个字的发音。

语言是我们用于代表和记住物体、事物的最复杂工具。学好语言可以使孩子顺利向别人叙述对一件事的记忆，分享自己的经历。随着孩子的记忆力和抽象思维能力不断提高，他们对语言的掌握程度也相应提高。到3岁，孩子通常可以不假实物就能说出想要表达的东西。例如，3岁的嘉百列去了动物园，回家后兴冲冲地向爸爸讲她在动物园的经历。她向爸爸描述所看到的那些令人兴奋的动物，甚至还有她的感想。她向爸爸讲自己的经历时，不必借助视觉提示——她在回忆和讲述狮子和火烈鸟时，不再需要这些动物站在面前，只需爸爸的一点儿提示，她就能回忆起更多细节。不过，这时她的回忆还极具选择性，缺乏逻辑性。

随着孩子越来越擅长应用语言和符号，他们开始自己编简单的歌，摆弄自己创作的图画和儿歌。

乔基，4岁。她喜欢玩语言游戏和编一些没有意义的诗歌，她还编一些押韵的话。只要爸爸稍加提示，她就能编出下面的儿歌。

我讨厌，
鱼眼派。
冻鱼唇，
是好饭。

图画和书面语言一样,也是事物和概念的符号表示,虽然画画看起来纯粹像娱乐活动,但图画却有重要的教育功能。事实上,我们收集的大量信息是以图画的形式存在的。辅之以图画,我们可以轻而易举地理解文字所不能传达的复杂概念。例如,想在一篇论文中阐释太阳系中星球的准确布局时,使用一张图表显示它们的相对轨道比用文字阐述要简便得多。

孩子喜欢画画,但2岁时只是胡乱涂鸦。他们一边任由手在纸上肆意挥洒,一边尽情地看着颜料在纸上留下的痕迹,根本不在乎画的到底是什么。

山姆,22个月。他喜欢用彩笔乱涂乱画。他"画画"时主要是画线和点,或者只是在纸上乱涂。他还经常一激动就把纸撕得粉碎。

蕾安娜,2岁。她喜欢到处乱画,而且画面往往都是灰暗的棕色。

在2~3岁之间,孩子开始意识到他们创造的符号也能表示物体,这时他们开始画一些简单的图形,比如圆形。卡门(2岁),粗略画了一个圆,说那就是太阳。在成人看来,这似乎不太像太阳,但卡门的头脑中很清楚自己要传递的信息。在这幅画上,只要添上眼睛、嘴巴、四肢,就可以活脱脱地画出一个人的轮廓。大部分孩子在3~4岁时会画出他们平生所画的第一个人。例如,卡门的姐姐拉娜（3岁）给爸爸画了一幅画，就是一个圆上加了眼睛、四肢和头发。显然拉娜比卡门更手巧一些，而且她对爸爸的长相，也记得更多一些。

　　试着画出物体的样子，说明孩子具有了符号思维能力。孩子对世界有了一定理解，在心目中对世界形成一定印象，可以用符号来交流。这种能力刚开始比较简单，但发展速度很快。这时，孩子还开始用手势配合语言来表达：一些手势是模仿成人，一些手势则是孩子在把思想转为语言过程中根据要表达的特殊意思而自发形成的。

▌▌▌从3岁开始,孩子就可以思考一些更复杂的概念,进行更高级的逻辑推理了,可以不假提示地想起和谈论过去和将来的事。

04
未雨绸缪

符号思维是逻辑思考和逻辑推理的重要组成部分。有了符号思维,孩子就能把物体与事件相分离。例如,孩子现在明白盘子本身是一件物体,而不只是就餐时用到的东西。同时,符号思维也可以使孩子把自己的思想和行动分开。他们现在意识到,要谈论一件事,未必非得现在就做这件事。

从3岁开始,孩子搜索记忆和记住事物会越来越高效,这样他们可以轻而易举地发现和记住新事物。这时,孩子可以思考一些更复杂的概念,进行更高级的逻辑推理,可以不假提示地想起和谈论过去和将来的事。

艾利丝,3岁。谈起她的3岁生日(几个月前过完),她说过得非常有趣。她还能计划明天该干什么,比如要见谁，穿什么衣服，什么时候去度假，什么时候再去骑马，等等。

拉娜，3岁。她天天盼着圣诞节的到来，还设想她想要什么，她知道圣诞老人会进来取走她为圣诞老人准备的饼干和牛奶。

到4~5岁时，孩子可以更详尽地回忆起过去的事，也可以更详尽地计划将来的事。看看下面的例子。

丽贝卡，4岁。她喜欢计划穿什么衣服参加聚会。一月份时，她就开始计划生日聚会上要请的朋友和要买的东西。

艾米丽，5岁。她在琢磨是要交五个朋友还是三个朋友，她选择了很久（现在最要好的是莎拉、凯特和吉多）。她不确定自己将来要不要结婚，但她认为这事得由她自己决定。她还经常谈起将来她的五个孩子能不能和我们一起住在现在的房子里。她问我，我到了奶奶的岁数时，会不会还是克莱尔（她大部分时间叫我"克莱尔"，而不叫"妈妈"）。

▅▅▅ 4~5岁的孩子会花更多时间来探索世界，他们反复试验、不断观察，努力探寻世界运行的规律。

05 探寻未知

4~5岁的孩子对世界充满了好奇。他们知道世界运行自有定法，但他们并不知道这些法则的具体内容，所以不断提问题找答案，努力探索，从而使世界变得更可知、更安全。

阿基拉，4岁。他对数字很着迷，经常问我怎么数到最后一个数。我并不想骗他，但很难满足他巨大的求知欲。最近他问我，"妈妈，谁创造了世界？"接着又是一连串的问题，"谁创造了人？""世界由多少块组成？是1000块，还是2000块？"一天早晨，他拉开窗帘，看着外面问我，云是什么颜色的。我说，"灰色，云是灰色的！"他说，"不是，它们是粉色的。"我说，"你从哪看到云是粉色的？云是灰色的。""不是，"他说，"人和人之间不一样，看到的东西也就不一样……"我还能说什么呢？

4~5岁的孩子会花更多时间来探索世界，他们反复试验、不断观察，努力探寻世界运行的规律。看看下面的例子。

丽贝卡，4岁。她喜欢观察毛毛虫。夏天，她花大量时间用一个特殊的玩具放大镜观察它们。

利昂，4岁。他喜欢看冰激凌融化，喜欢叠纸飞机玩，或把纸船沉到水里，还总爱观察煮蛋计时器。

苏珊娜，4岁。她喜欢把东西排成一排或者围成一圈。她还喜欢用积木搭塔或者拆东西！

塔维斯，4岁。他喜欢在公园的沙堆上挖洞。他挖好洞，然后往里面倒水，把玩具和石头埋进去。

4岁时，孩子具备了很强的空间意识，这主要得益于他（她）不断提高的绘画能力。如果给4岁左右的孩子看一间房子的模型，他（她）能清楚地分辨出实物在房间中所对应的模型，这说明孩子知道模型是房子的代表或符号。孩子也大致知道不同地方的相互拓扑联系，虽然有点勉强。

丽贝卡，4岁。由于我家在西班牙和澳大利亚都有房子，她就认为，"旅行"就只是在两地之间来回穿梭。

亚历克斯，4岁。他对从甲地到乙地之间花费多长时间很敏感，虽然他对10分钟或半小时究竟有多长知道得还不确切。但他知道半天或者一整天比较长。

利昂，4岁。他认识到学校的路，如果我们走错了，他还能指出我们走错了！

4岁孩子还会不断熟悉长、高、宽三维，也能理解内、上、下等空间词汇的意思。孩子越来越高超的绘画能力，增强了其空间感。与此类似，随着语言能力的不断提高，孩子开始使用左、右、后等词来试着描述不同物体的相互关系。

乔基，4岁。她画了5个公主，然后向我非常详细地解释说，如果所画的女孩衣服相互重叠，那就说明一个女孩站在另一个女孩后面。站在后面的女孩看起来个子小些，但实际上她并不小——只是站得远些。我觉得乔基有这种概念真是太惊人了！

孩子现在可以画出一件物体里面、上面或下面的其他东西，还会用这些东西与玩具、水、沙子和各种容器的相对位置做实验。

丽贝卡，4岁。她喜欢水和沙子，会在沙滩上堆城堡和挖洞。她喜欢玩水——将容器里面装满水，假装沏了一杯茶。

利昂，4岁。他一有机会就玩水。玩水龙头、漂浮船，给瓶瓶罐罐里装水，弄得地板到处是水，还拿海绵擦墙。

▮▮▮ 4~5岁的孩子离弄清这个世界还有很长的路要走。一些规则孩子还搞不懂,只能靠眼见的表象做出判断,而不是基于逻辑推理。

06 推理萌芽

学龄前的孩子能以多种方式来表达他(她)认知的世界——语言、图画和想象力,但他(她)只会从一个角度看世界,即自己的角度。所以孩子还很难集中精力应对多种情况和事物。

3~4岁的孩子很难掌握像"表象与事实不同"之类的概念。学龄前儿童往往受"所见"的影响多些,而受"所知"的影响少些,他们的推理能力很容易受到自己对世界认识的影响,即表象的影响。

即使知道表象与事实不同,孩子也未必能在考虑事情时顾及这一点。例如,即使告诉孩子地球是圆的,但大部分4岁的孩子仍然认为地球是平的,因为这是活生生地摆在他(她)面前的(表象),如果地球是圆的,那在"底部"的人会不会掉下去呢?

阿基拉，4岁。他问，"地球难道真是圆的？那么有些人是头朝下站着？"

阿基拉的话表明，他对万有引力和宇宙的了解还有待进一步加强，但也表明他的逻辑推理能力已经更上一层楼了。

逻辑推理能力是我们解决问题的一项基本能力，也是必不可少的能力。逻辑推理能力可以帮我们从以往的经历中汲取经验教训，成功解决遇到的类似问题。进行逻辑推理时既要清楚地记住过去，也得清楚地认识当前。孩子极易受到事物表象的影响，所以经常难以做到这一点，他们往往无法认识到两个问题的相似性。

孩子往往关注事物的表象，而不关注事物的本质，这导致他（她）对事物的解释往往十分荒诞。因为其做出解释的基础仍然是他（她）所见的，而非事物的本质。4岁左右的孩子往往认为事物看起来的样子与其行为相关，如牛吃草是因为草是绿色的，狗叫是因为尾巴在摇，而兔子喜欢吃萝卜是因为它们爱跳，等等。因此，这个年龄的孩子看事物往往很肤浅，极易对所见所闻产生误解。看看下面的例子。

西奥，5岁。有一天他说，"姬素丽正常吗？"姬素丽是他的小朋友。于是我问他，"你什么意思呢？"他回答说，"哦，我想打电话叫她起床，可你总是说'正常人这会儿还没有醒来呢。'"

4～5岁的孩子离弄清这个世界还有很长的路要走。一些规则孩子还搞不懂，所以只能靠眼见的表象做出判断。这时候，孩子的判断往往是凭直觉猜测，而不是基于逻辑推理。不过随着其抽象思维能力的不断提高，孩子现在已经知道有果必有因，但进行判断时还不能十分准确，往往把发生在同一时间段的事件简单地联系在一起。

例如，一个孩子从自行车上掉下来摔伤了，他（她）很快会在头脑中把这两件事联系起来，然后得出错误的解释：因为我伤了自己，所以从自行车上摔了下来。令人担忧的是，这种思维方法可能导致孩子因为家庭内部的负面事件而责怪自己，原因仅仅是这些事情同时发生。例如，"因为我淘气，所以爸爸离家出走了"或者"因为我嫌奶奶不给我糖而冲撞她，她就去世了。"因为两件事情恰好发生在同一时间段，孩子就认为它们一定有联系。以下是这个阶段孩子进行"相关性推理"的经典例子。

费边，5岁。他和我坐在车里。我把车里音响的音量调低，这时他问我，"妈妈，为什么你把音量调低时，管弦乐队就知道要弹得轻柔一些呢？"

虽然通常情况下孩子还不能做出正确的解释，但在特定情形下，如果让他（她）从一些给定选项中选出正确答案，他（她）会做得很棒。例如，当被问狗为什么叫，是因为激动、摇尾巴、啃骨头，还是因为它是棕色的，4～5岁的孩子大部分可以答出正确的因果关系。这个年龄的孩子逻辑推理能力提高了，能在两个相互独立但相关的事实中找出正确答案——即使问题非常荒谬。如果告诉孩子所有猫是蓝色的，乔伊是一只猫，当被问到乔伊是不是蓝色时，他们就能给出"是"这一正确答案。

这说明孩子的逻辑思维能力已经开始形成，但让孩子自己解释事物，他们有时还是会被看到的表象搞得不知所措。孩子可以对自己非常熟悉的事物做出最佳推理，但碰到新事物时，他们往往还是会依赖于自己的所见，而不是依赖于自己的所知。

4~5岁的孩子极易受到眼前所见事物的影响，往往认为事物的外表改变，本质就会改变。正如认为女孩穿上男孩的衣服就变成男孩一样，孩子会认为事物的特征会随着外表的改变而改变。

当一个4岁孩子数两行依次排开且数量相同的硬币时，比如两行硬币各10枚，他（她）知道两行硬币数量相同。然而，如果把其中一行硬币的间隔弄大，使这行硬币看起来似乎长些，孩子就会说长的一行硬币多，虽然他（她）知道并没有增加硬币的数量。与此类似，如果面对两瓶相同的果汁，将其中一杯倒入另一个细高的杯子中，4岁的孩子会说高杯子里的果汁多一些。在这个守恒游戏中，4~5岁的孩子犯错是因为看到了变化，但同时只能考虑到事物的一个方面。孩子注意到一行硬币更长或一只杯子里果汁的液面更高，但不能同时考虑到间隔较大或杯子的直径更小。

▰▰▰ 6～7岁的孩子可以同时考虑事物的两方面，数学能力也在不断提高。孩子们了解世界的方法变得越来越复杂。

07 数学概念

到6～7岁时，孩子就能理解上述测试中，当10枚一行的硬币间距加大时，虽然没有增加硬币数量，但看着会更长些。同样，他们也能理解细高杯子里装的果汁与粗矮杯子里装的果汁一样多。这是因为他们现在理解了可逆性概念，事物外表的变化是可逆的。

孩子思考的逻辑性也强了，可以同时考虑几件事。在上述硬币或果汁的测试里，孩子知道如果没有拿走或增加新东西，总量是保持不变的，即使看起来好像多了。孩子有了这种判断数量守恒的能力，就可以获得一种新的稳定感和安全感，他们现在知道，物体外表虽然发生了变化，但本质仍然保持不变。6～7岁的孩子可以同时考虑事物的两方面，所以在对事物进行比较和对比时，比年龄稍小的孩子要强一些。不过，这个年龄段的孩子还不能完全理解距离的概念。看看下面的例子。

孩子知道，可以乘坐汽车、火车或飞机，从一个地方到达另一个地方，即使2岁的阿隆都明白这一点。但他们还没有距离的概念。5岁的西奥就曾问道："亚亚（和我们一样也住在伦敦）离我们比乔基叔叔（住在澳大利亚）远吗？"

艾米丽，5岁。虽然她明白从一个地方到另一个地方需要旅行才可到达，但还不能明白时间、距离和空间的概念。她知道康沃尔地处英国，但不知道康沃尔就是英国的一部分。她还认为我们家门前的马路又宽又长，几乎就是整个伦敦，但她又认为这条路与伦敦是无关的。

孩子的数学能力也在不断提高。5~6岁的孩子能理解"+""-""="之类的数学符号，可以数到100，会做10以内的加减法。虽然他们现在知道不同硬币的面值不同，而且不同硬币加起来总值可以相同，但还不能完全理解钱或东西价格的概念。即使如此，孩子现在对攒零花钱已经非常感兴趣，而且一些孩子比其他孩子更知道钱的重要性。

杰克，5岁。他喜欢攒钱，从2岁开始就攒零钱。他经常去银行存钱，去银行的频率甚至比我还高。他知道买东西要花钱，还知道爸爸上班赚钱就是为了买房、买食物、买车、买衣服等。

费边，5岁。虽然他的数学成绩比较好，但并不理解钱的概念。他从来不要零花钱，但如果有人给他钱，他会一直随身带着，但并不知道花钱。

西奥，5岁。他认为，只要花一块钱就可以带我们全家人出去吃顿饭。

艾米丽，5岁。她不像罗里5岁时对钱那样感兴趣。如果我忘了给她零花钱，她也不会在意。虽然她对数字很感兴趣，但对钱没有特别兴趣。

姬素丽，5岁。她开始明白，花钱可以换来自己想要的东西，以及不同硬币有不同面值。虽然她把别人给的钱都放到储蓄罐里，还让别人看她的储蓄罐，但她不懂储蓄钱的意义所在。

埃莉，5岁。她也存零花钱，最近得到一个储钱盒。但她不明白某种东西值多少钱，也不会花钱买东西。

6~7岁孩子可以读出整点和半点这样的时间，会使用诸如大、小、多、少之类的比较词,还明白一个馅饼的1/2、1/4、3/4大小。不过这比同时考虑几件事并在脑海中形成多个看法,要简单得多。不管怎么说,孩子了解世界的兴趣正在飞速发展,而且方法也变得越来越复杂。

妮珂拉,6岁。她经常说,要做实验,于是把食物搞成一团糟。

西奥,7岁。他喜欢自己动手,非常擅长修这修那。他想知道机械的运动原理,有时为了弄清这些原理,会引起一连串的麻烦。他总想知道怎么修自行车,他会把自行车的辅助轮来回拆下装上。他还喜欢在花园里装卸灌溉系统,对浇灌原理十分好奇。

罗里,7岁。他是个天生的小科学家。他喜欢石头和岩石,还对小动物很好奇,对它们非常友好。他让蜘蛛从他手上爬过,以便近距离地观察它们。他还在海滩上连续几小时,用水、沙、石头、海葵和礁石上的小水洼等做实验。

安妮米卡,7岁。她喜欢研究磁性,还把学校里学到的一些知识运用到日常生活中来。她喜欢在花园里找乐子,还种下不同植物的种子。

乔基，7岁。前些天在洗澡时，她给我讲解排水量的概念。"看，妈妈，如果我潜在水里，水面就会上升。"她真是个小小科学家！

学习数学原理可以帮孩子认识到，人可以通过大脑进行记忆；经过反复练习，可以对想要记住的事物加深印象。这种理解通常体现在做作业中，如拼写单词和学习数表等。一旦发现自己有记忆力，孩子在特别想记住一些事物，如太阳系行星的运行顺序和名字，或各种恐龙的名字时，就会反复诵记。他们现在对因果关系的原理有了更深刻的认识，掌握了一些更复杂的物理定律。

菲奥纳，7岁。她明白要把球投进篮筐就必须站得离篮筐更近些投篮。但她现在还投不进去！

▆ 5~6岁时，虽然孩子知道表象与实际的区别，但仍然很难同时兼顾二者，特别是当二者看起来相互矛盾时。8岁孩子可以同时考虑事物的多个方面。

08 运用理论

随着记忆力和推理能力的不断提高，孩子对世界运行的规律有了更多理解，对事物运行的方式也有了自己的解释。通常在5~6岁时，孩子第一次被现实深深吸引。

5~6岁时，孩子一旦掌握一个现象或一个事物的理论，即使面对相反的证据，也会严格应用这些理论。孩子将他（她）的知识或理论应用于某一情形时，经常表现为心理学家所称的"心智写实"，即孩子的行为是根据所掌握的知识而不是凭实际的感知做出的。这点可以用一个简单的例子来说明，让5~6岁的孩子画一个杯柄向反方向摆放的杯子，虽然从正面看不见杯柄，但孩子仍然会画上杯柄。这是因为孩子知道杯子是有柄的，所以就画上了。

与此相似，6岁的孩子会用与毕加索类似的手法画人物的脸，侧位的脸上有两只眼睛，而不是一只。虽然这个年龄的孩子可以准确画出人脸的轮廓，但他们认为"人有两只眼睛"。这干扰了他们亲眼看到的"人的侧脸只显示一只眼睛"这一事实。6岁时，孩子不会根据直观和亲眼所见来画画，往往是完全依靠逻辑和知识——即人有两只眼睛来画画。孩子对自己的知识过于执著，从而忽略了事物的视觉效果。

5~6岁时，虽然孩子知道表象与实际的区别，但仍然很难同时兼顾二者，特别是当二者看起来相互矛盾时。我们可以以一个简单有趣的试验来说明孩子的思维是怎么影响其解决问题能力的。这个试验需要一个不平衡杠杆。让一个4岁孩子站在杠杆较大、较重的一头，保持杠杆平衡。4岁的孩子通常会成功实现平衡。虽然不知道支点、杠杆或者平衡的原理，但经过反复尝试，4岁孩子最终能找到使杠杆保持平衡的点。但是，6岁的孩子会在这个问题上很难成功。因为6岁的孩子认为杠杆的平衡点就在中心，他（她）就反复在中心点附近试验，结果失败了。最后，孩子因为找不到平衡点就垂头丧气地放弃了。

为什么6岁的孩子觉得解决这个问题很难，而4岁的孩子认为很好解决呢？答案就是，6岁的孩子掌握了物体平衡的理论。根据这个理论，他（她）认为杠杆的平衡点就在中间。因为孩子确定自己的理论一定可以经得起实践考验，于是就不断地站在中心试着让杠杆保持平衡。6岁的孩子只是死板地依赖自己知道的理论，而不像4岁的孩子那样反复试验。即使向这个6岁的孩子演示一下把杠杆放在非中心点的支点上使其保持平衡，他（她）可能也会拒绝这么做。

虽然大点的孩子不能使杠杆平衡，看起来好像有点落后，但实际上孩子并没有退步。6岁孩子现在的思考方式更复杂、更具逻辑性。形成理论、测试理论、巩固理论是这一阶段孩子发展的关键组成部分。而死板地应用理论，则是所有孩子学会"世界并不以一种非此即彼的方式运行"的必由之路。一旦认识到这一点，孩子就会更灵活地应用理论。到8岁时，孩子就能成功解决上述案例中的杠杆平衡问题了。

8岁的孩子研究杠杆，会意识到因为杠杆一头重，并因此猜出平衡点可能的位置。如果稍微有点偏差，孩子很快就会对其进行调整，直到杠杆保持平衡。8岁孩子不仅可凭借知道的东西做出判断，还可凭借见到的东西做出判断。如果刚开始没有成功，孩子就会接受理论的例外情况，并认识到可能需要使用不同的方法。

8岁的孩子平衡杠杆使用的方法更高明。他们可以同时考虑特定情况下的多个方面。在本例中，他们会同时考虑物体的重量和支点的相对位置。同时在脑海中考虑两件事，然后统筹二者得出逻辑结论时，这说明孩子的思维能力又发生了飞跃。

■ 7~8岁的孩子能够以一刻钟来区分时间，知道物质有不同的物理状态。到9岁，孩子的逻辑思维和抽象思维能力进一步发展。

09 抽象思维

8岁以后，孩子的抽象思维能力——形成初步看法和悟出心得的能力，越来越提高了。

莫杰塔，8岁。她说想试着飞翔，并尝试在洗澡时沉在水里利用稻草管呼吸。

苏菲，8岁。她把冰花放在水里做实验。她的双胞胎妹妹杰米，经常用树枝、竹竿等做工具或玩具。

7~8岁时，孩子开始利用抽象思维来思考自己的将来，并制定长远计划。

霍莉，7岁。她不喜欢扔掉旧衣物和玩具，经常说，"我要把它们留给我未来的孩子。"

罗里，7岁。他计划什么时候开银行账户，什么时候上"大孩子"学校。他还问，当人老了不能工作时怎么挣钱，而且他对退休金很感兴趣！

马克斯，7岁。他想长大后工作挣钱，还说如果他妻子也有工作，那他们的日子会过得很不错！

丹妮尔，8岁。她计划将来要结婚，做喜欢的工作。

随着记忆辅助策略的发展，孩子存储记忆和唤醒记忆的能力也在不断发展。以学习弹奏一首曲子举例。孩子现在能考虑的不仅仅是乐谱上的音符和手指在钢琴上的正确位置。为了能够不用乐谱弹出优美的旋律，孩子必须运用记忆力，还得想出一些记起音符顺序的策略以便记住乐谱。由于知道自己记忆能力有限，孩子会把乐谱拆成多个正好可以记住的小段，然后再以自己的风格和表达方式灌输到脑海中，形成自己独特的记忆方式。

7~8岁的孩子能够以一刻钟来区分时间，知道物质有不同的物理状态（固态、液态、气态），而且三种状态可以相互转化。他们非常喜欢用尺子量物体的长度，还理解一些距离原理。比如，两点之间直线最短，以及在确定两条线段等长后，如果一条继续延伸,那么这条线段较长。然而,7~8岁的孩子对距离的理解仍然不够全面。比如,两名选手跑的距离一样长,其中一位先跑到终点,由于孩子还不懂速度、距离和时间的相互关系,就认为先跑到终点的那位跑得距离短。可能由于经历不同,有的孩子掌握这些知识较快。看看下面的例子。

罗里,7岁。他对地图很敏感,对旅行,特别是航空旅行很感兴趣,他已经坐过几次飞机了。因此他理解时间和距离的概念较容易,并在这方面表现得非常棒。

莫杰塔,8岁。她认为旅行就是在两地之间穿梭,但还不懂什么是距离。

孩子到7~8岁时对钱的理解也比以前加深了很多。

霍莉,7岁。她知道钱的概念。这个年纪的孩子一般不主动要零花钱,但霍莉会说:"如果我有钱了,我将买个化妆包。"这个年纪,孩子还不懂得攒钱,如果她得到钱,就会出去直接花了。

科里,7岁。他知道钱的概念,每周要1块钱,存上几周后,他就会觉得耐不住,于是出去花了。可是,发现哥哥的钱比他多时,他又很难过。

西奥，7岁。他开始明白钱的价值，平时把钱放到小猪储蓄罐里。如果我们外出，他就会把存的钱花了，纯粹是为了花钱而花钱。

罗里，7岁。他是个天生的守财奴和收藏者，在卧室里存了不少钱。这几年，光零花钱他就攒了50多块。最近，他还要求到8岁时给他的零花钱应上涨。他很擅长算钱，而且对东西的价格、相对价值和不同的货币很感兴趣。

到9岁时，孩子的逻辑思考能力和抽象思考能力进一步发展，可以理解小数点，还能做多步计算题，也能理解涉及空间推理的几何概念。他们会认识到，短尺子和长尺子都可以测量房间的长度，不过短尺子要多量几次；还知道，距离不受运动方向的影响，即两点之间，过去和回来的距离一样长。现在，孩子的数学知识和抽象思维能力也提高了，可以理解风险、几率的原理。

卡斯帕，9岁。他非常清楚几率的原理，喜欢玩轮盘游戏。

克里斯托弗，10岁。当我问他是否明白几率时，他回答说，"你是指概率吗？"他和妮珂拉（6岁）都对与几率相关的游戏非常着迷。他俩还想教邻居的小姑娘（6岁）打牌，但我们认为这样不好。

艾夏，10岁。她知道冒险就可能有麻烦，还知道冒险就是做从未经历过的事，例如蹦极。

9岁，孩子还想了解地球的地理情况，想知道河流、高山和沟壑是怎么形成的。他们依然热心做实验。

卡斯帕，9岁。他做了很多家庭实验，比如烘焙，种水芹及其他东西，在瓶子里冻水等。他曾经试着"种水晶"，为此还拥有了一套心爱的小电气。

贝基，9岁。她喜欢把东西拆了装、装了拆。我们把各种坏电器给她玩。她就像个小科学家一样，把"混合物"混起来看有什么反应；她叠纸飞机，然后把纸飞机、磁带、曲别针等扔起来，看哪个飞得好。

乔纳森，9岁。他曾经把一些石灰石放到一罐可乐里，目的是看石灰能不能溶解。

塔列辛，9岁。他坚信自己是一位科学家，还有自己的"实验室"，可以在那里做科学实验，非常有趣。

■■■ 11岁时，孩子已经能在脑海中同时考虑几件事情，并对其进行相互对比，提前计划，理性分析，最后形成复杂的理论。

10 灵活思考

11岁左右，孩子对逻辑、理论和证据的本质有了更深刻的理解，可以更复杂地对世界及其运行方式进行抽象思考。这时候，他们的短期记忆能记住5种不同的事实，这有助于解决较为复杂的问题。到14~15岁，孩子能同时记住7种事实，理解更深奥的数学概念。脑海中能同时记住多个事实，孩子就可以记住中间结果，经过进一步思维处理，得出最终结论。

这个阶段孩子简直能像成人一样，经过慎重思考，找出复杂问题的解决方法。他们可以想出问题的各种可能结果，然后以系统科学的方法进行测试。让孩子解决复杂问题，如修木筏过河，在只提供修木筏的基本原料的情况下，这个年龄的孩子会提出多种具有创造性、合理性的解决方案，然后评估每个方案后再决定采取哪个方案，最后实施所选的方法，直至取得成功。

艾夏，10岁。她洗澡时，就把洗澡玩具当成实验仪器。她喜欢说"饱和、不溶于水"等科学词汇。

比利，10岁。他是个真正的小科学家。他喜欢"配药水""制洗发水"和玩磁石，也喜欢称重量比轻重、量长度比长短，还有一套炼金工具呢。他和贝基（7岁）从花园里抓来许多昆虫，用一个小放大镜观察它们。比利竟然把一只"长腿叔叔"的腿拽了下来，看它能不能用三条腿走路。

哈利，11岁。因为喜欢研究事物为什么运转，于是他见书就读。在海边待了3个月，他就想了解鱼、海胆、天然矿盐、潮流等相关知识了。《吉尼斯世界纪录》是他最喜欢的一本书，他还喜欢读天文方面的书籍。

罗温，11岁。最近试着玩潜水，他时而浮出水面，时而沉到水下，对此很感兴趣。他还经常试着熔化、燃烧和冻住各种东西。

阿蕾莎，12岁。她已经做了有关重力和浮力实验。

在接下来的几年内，孩子的思考能力会进一步发展。不过在11岁时，孩子已经能在脑海中同时考虑几件事情，并对其进行相互对比，提前计划，理性分析，最后形成复杂的理论。一旦孩子明白世间万物自有定法，他（她）也就长大成人，成为一名真正的思考者，可以用各种高深、独创、灵活的方式思考了。那么，思考能力究竟能让每个人在职场、发明新技术、解决旧难题的路上走多远，则取决于个人的智力、知识和记忆力，以及他（她）对思考能力的应用。只要稍加培训，大部分成人都能具备迎接生活中大部分挑战的思考能力——行路难，行路难，多歧路，今安在！

第五章

生命周期

　　成人当然知道生命自有定数，人人都在从摇篮走向坟墓的路上。但孩子在心智发展到相应水平之前，还不能完全理解生命和死亡等概念。

生命和时间，与芸芸众生息息相关。平常，我们围绕着吃饭、睡觉等基本活动来安排生活和工作。大多数人还围绕着上学、上班、与朋友或同事的约会等事件来组织一日生活。衡量时间的方式很多——分、时、天、周、月、季、年，我们据此制定计划，拍照留念，写日记，度过一生。时间到底多重要由此可见一斑：许多成人如果身边没有钟表，常常茫然不知所措！

说得更广一些，成人当然知道生命自有定数，并随着时间发生改变。我们认为世间万物分为两类：生物和非生物。我们还知道，生物可以在老之将至之前繁衍生息。人类就是通过饮食起居保持生生不息，一代代延续的。

事实上，人类的生命周期是其活动的基础。我们的孩子要成长，我们自身要生存，就必须耕田而食，购物以用。为了吸引伴侣，我们精心挑选服饰，悉心打扮，彬彬有礼地与异性交往。

繁衍是生命周期中我们可以控制的生物学特征之一——科学已经成功地把繁衍从男女之欢中分离出来。现在，我们可以计划要不要孩子，要几个孩子，什么时候要孩子……这是我们作为一个物种迈出的最关键一步。成年人还知道，在生命周期的另一头，我们迟早会死去——事实上，死无疑是件必然发生的事，人人都在从摇篮走向坟墓的路上。

婴儿期固然也是人类生命周期的固有组成部分，但婴儿并不知道这一点。他们要吃饱、睡觉，还要有人陪伴、有人安抚。虽然孩子的这些意识非常强烈，但对生物与非生物的区别毫无概念，也意识不到自己会随着生命和时间的推移，终有一天会逝去。与此类似，在青春期将至，性激素水平升高之前，孩子对异性的唯一兴趣就是把异性作为玩伴，而非伴侣。

孩子对于人类生命周期的认识，特别是对于性和死亡的认识，主要是从父母那里获得的，当然，也会从同龄人（往往不太准确）、生物老师、电视、报纸、书籍、杂志和互联网上获得一些。不同年龄段的孩子可以记住不同的事实，但在心智发展到相应水平之前，他们还不能完全理解生命和死亡等抽象概念。当然，孩子长大成人后就会掌握生物与非生物的基本差别，了解生命的来龙去脉，接受人必然会死去的事实。

▇▇▇ 新生儿似乎对人具有一种与生俱来的敏感。婴儿表现出对人脸特别感兴趣，仅3个月大的婴儿就能区分生物的运动和机械的运动。

01 最初直觉

虽然科学家对生命的本质至今仍然不能给出完全的解释，但有一点，甚至一些孩子似乎也能认识到，那就是生物有一些隐藏的内在本质，使其在某些方面呈现出某些特性。

新生儿似乎对人具有一种与生俱来的敏感。刚出生时，婴儿只能看清距离自己面部25厘米左右的东西。纵然如此，婴儿表现出对人脸特别感兴趣，注视人脸的时间比注视其他东西的时间要长。此外，婴儿对运动的物体也相当着迷，仅3个月大的婴儿就能区分生物（例如人或动物）的运动和机械的运动。大约9个月大时，婴儿对生物的运动表现出明显的偏爱。

生物与非生物之分是婴儿做出的第一个，也是最重要的一个概念区分。大约10个月大的时候，婴儿就能够把观察到的周围物体进行分类。到12个月大左右，婴儿就能够分辨属于某一特定类别的物体（包括生物），并能够根据外观非常准确地对生物加以分类。例如，知道狗狗与桌子、花朵不同，甚至知道与猫咪不相同。

婴儿细心观察周围的世界，他们的分类能力也在不断发展，他们可以把运动的生物和非生物分开，但还不了解这些事物的具体区别。例如，到孩子12~18个月大时，把一只玩具鸟和一架模型飞机递给一个蹒跚学步的孩子玩，他（她）会"让"玩具以不同的方式运动。通常，孩子会"让"玩具鸟在地面上方"跳跃式飞翔"，"让"模型飞机沿着地面或在空中滑行。虽然这个年龄的孩子能够分辨生物运动和机械物体运动，但他们只是觉得这两件物体的运动有很大差别，还不了解一个物体是有生命的，另一个物体是没有生命的。

到2岁半时，孩子开始认识到不同物种之间更细微的差别。举例来说，即使从未见过三角龙与雷龙，他们也能把二者归为一类，而不是将三角龙与犀牛归为一类，尽管三角龙与犀牛长得非常相似。这时候，孩子在分辨物体时，似乎更注重一些基本特征，例如耳朵的位置、腿的粗细、身体的比例、头尾的形状、动物运动和行为的方式等。这个年龄的孩子还能对同一物种进行更细微的区别，比如辨别出不同种类的狗或者猫。

儿童很喜欢了解动物，尤其是那些看起来友好可爱的小动物。但是每次碰到新动物时，他们都会自然而然地保持警觉，直到确定这种动物不会伤害自己为止。孩子可以通过不同途径来了解动物：与家庭宠物亲密接触，在电视电影上看动物节目，阅读动物的图画书，参观主题公园、动物园和农场，等等。

马西姆，2岁。他对动物非常着迷。他让我把兔子从笼子里放出来，他给兔子梳理毛发、抚摸它，甚至愿意搂着兔子亲吻，还想拥抱它。马西姆还迫切希望见到狗、猫和其他动物，也愿意谈论我们在乡村见到的马、羊、牛。

通过观察动物，孩子认识到了生物和非生物的区别，但是这个阶段的认识比较粗略，而且主要是看物体是不是能运动。

亚伦，2岁。他有时知道什么是生物，什么是非生物，可以这样描述一个玩具，"它不会说话，真笨，它是只泰迪熊。"

马西姆，2岁。他无法辨别生物与非生物，害怕很多非生物，认为它们活着。有一天，他得到一个木制匹诺曹玩具，当我给他换尿布时，他非常焦急地说，"匹诺曹咬到我的小鸡鸡了。"

通过与动物接触，孩子逐渐了解到生与死的现实性。

路易，2岁。他喜欢动物，在阳台上养了两只兔子，但它们被狐狸咬死了。

> ■ 2岁的孩子还只是"活在当前"。在看自己婴儿时期的照片时，蹒跚学步的孩子会认为，那是另外一个孩子，而且自己认识那个孩子。

02 活在当前

通过了解动物，孩子会掌握另一个重要概念——成长。他们逐渐认识到，小狗不是狗的一个种类，因为小狗会长成大狗。蹒跚学步的2岁孩子还只是"活在当前"，不知道自己曾经是婴儿，也不知道婴儿会长成少年，然后长成成人。2岁的孩子认为，包括自己在内的所有人都会一直保持当前的状态。

崔，22个月。他不知道自己曾经是个婴儿。在别人看来，他还是个小宝宝，但是他认为自己是个大男孩。

出于这种想法，在看自己婴儿时期的照片时，蹒跚学步的孩子会认为，那是另外一个孩子，而且自己认识那个孩子。

伊珐，2岁。她不能准确认出自己婴儿时期的照片。在看到自己1岁左右的照片时，她虽然知道那是自己，但会问："我的头发哪去了？"因为当时她头发比现在短很多。

奥利弗，2岁。他会看着自己婴儿时期的照片告诉我们那是"一个婴儿"或"小托比（一个朋友的孩子）"。有时他会说那是"小奥利弗"，但如果我们接着问，"那是你吗？"他就说，"不，那是小奥利弗。"

与此类似，蹒跚学步的孩子在看家庭录像时，能认出父母，因为父母看起来与现在基本相同；但看到婴儿时期的自己时，他（她）会认为那是小弟弟或者小妹妹。孩子还不知道生物会变化，会成长。这是因为这个年龄的孩子主要是依靠看见的东西进行推理，而成长需要一个过程，不是立马就能观察到的。

▪▪▪ 虽然2~3岁的孩子能非常粗略地认识到过去和未来的区别，有时甚至会谈起过去的事情，但还是无法准确理解时间的概念。

03 时间概念

如第四章所述，孩子还很难理解过去和未来的事情。2岁的孩子刚刚开始发展抽象思维能力，记忆力也十分有限，很难理解时间的概念。这种情况下，孩子无法理解成长的概念也就顺理成章了。因此，2岁的孩子不知道婴儿（或者就是自己）将来会长大成人，也不能理解妈妈曾经是一个小女孩。

孩子不能准确理解时间的概念，也就无法理解年龄的含义。当问到他们年龄时，2~3岁的孩子经常能说出自己的年龄，甚至还会伸出手指示意。但这只是表明他们善于学习自己的标签而已，就像学习自己的名字和性别一样。这时，孩子其实并不理解这些数字所代表的含义，甚至经常认为人的年龄与个子有关，仿佛个子越高，年龄越大。

萨克逊，4岁。他总是声称内森比他年龄大，"因为内森个子高。"

因为奶奶出生在很久很久以前，恐龙生活在很久很久以前，于是孩子会高兴地认为，奶奶曾经和恐龙生活在一个时代。毕竟，2~3岁的孩子无法理解一年有多长，更别提几千万年了！

孩子不是通过了解小时、分钟，也不是通过了解时钟、日历来掌握时间的，而是通过日复一日的日程安排来逐渐熟悉时间的。孩子知道，起床后要穿衣服，吃早饭；晚饭后要洗澡，然后听着故事入睡。这些熟悉的生活模式确定了孩子的一天该如何度过。如果2岁的孩子通常只是晚上睡觉，但他（她）在某一天下午睡觉了，醒来后可能会认为已经到了第二天早上。

托马斯，2岁。他很少在白天睡觉。有一天他白天打了个盹，醒来后以为该吃早饭了，还要求喝麦片粥！

这个年龄的孩子能够认识到日常生活的模式，但对时间的理解非常浅显。尽管2~3岁的孩子能非常粗略地认识到过去和未来的区别，有时还会谈起过去的事情，但他（她）还是无法理解更复杂的概念。在这个阶段，孩子只能区别某件事情是"正在发生"还是"不是正在发生"。对2~3岁的孩子而言，"马上""五分钟以后""明天"，甚至"明年"都没有什么实在的意义，只是代表"不是现在"而已。

贾森，2岁。他会用"马上、一会儿"，也理解这些词的意思，即一会儿就是不是现在。但是，他仍然会混淆"之前、以后"这两个概念，虽然知道它们不是相同的概念。贾森还使用"昨天、明天"，但经常用错。他用这两个词的时候，我们必须根据具体情况来判断他指的是昨天还是明天。他还不知道"上周、明年"是什么意思。

阿隆，2岁。他知道"很快"和"以后"不是指现在。如果他说，"我不想去幼儿园。"我说，"我们现在不去幼儿园，我们一会儿去。"他就很开心，虽然我说的一会儿是指10分钟以后。他经常说，"现在是半夜吗？"

海伦娜，2岁。她对时间的概念非常有限，虽然知道"上周"和"明年"的区别，但不知道"明年"具体指什么时候。

孩子由于不理解时间的概念，所以经常看起来极不耐心，如果想引起你关注，他（她）就会时不时地打断你和别人的谈话。2~3岁的孩子还不理解"等一会儿"的意思。如果让孩子等一会儿，他（她）仍会直截了当地说出现在想说的话，除非心思转移到另一种想法上，忘记了要和你说什么。即使耽搁一分钟，孩子也会觉得时间非常难熬。这时，如果不能立即受到关注，孩子希望受到关注的欢喜马上就会被沮丧取而代之。孩子以自我为中心的世界观促成了这种迫切心理，因为他们不知道别的东西也能引起对方注意。

马西姆，2岁。如果他想得到什么东西，就会不厌其烦地要。比如我在开车，他想喝果汁，他就会对我大喊，直到我停下车把果汁递给他。

海伦娜，2岁。她在想要东西时能稍微等一等，但有时这个小磨人精会不断地唠叨，直到我厌烦极了，把她想要的东西递给她为止。

丽贝卡，3岁。她总是迫不及待地想得到某件东西。如果给她糖果的速度慢了，她就会生气地上蹿下跳；如果别人先于她拿到了糖果，她就会大吵大叫。

到3岁时，孩子的记忆能力提高，时间感也加强。不过孩子对时间的理解仍然还是基于一日生活。现在，孩子可以使用与时间相关的简单词汇了，比如"什么时候""昨晚"等，但通常与已知的重复事件有关（例如，我吃早餐时喝粥了）。他们还不会抽象地用这些词。如果被问到幼儿园什么时候放学时，3岁的孩子不会回答"三点半"或"两小时后"，通常说"妈妈接我的时候就放学了"。这些孩子开始能基本正确地使用与时间相关的词了，但对于确定时间节点的各种抽象词，还不能理解其准确含义。

拉娜，3岁。她把过去发生的所有事情统称为"昨天"发生的。

尤安，3岁。他已经开始理解"昨天、明天"，但还不能理解"上周、明年"。

罗莎，3岁。她用"不是第二天，而是明天"来阐明将来的某天。她还用"下周"来指代上周或昨天。

伊万，3岁。他知道"之前"和"以后"是什么意思，知道"午饭前不能喝牛奶""晚饭后可以吃糖果"。

这个年龄的孩子还不太理解时间概念，如果让他们快点，他们很难理解为什么要快。

艾丽丝，3岁。她知道早饭后可以玩游戏，之后要上幼儿园。不过，她认为所有已发生的事情都是"过去"，而未发生的事情都是"将来"。对她来说，5分钟后、5小时后、5天后上幼儿园，根本没有什么区别，因为这些都属于"将来"。在艾丽丝的脑海里，根本没有"迟到"这个词。让她快点，她还继续玩布娃娃，虽然这让妈妈十分生气，但对3岁的艾丽丝来说，"快点"毫无意义。

大约4岁时，孩子掌握时间概念的能力明显提高了。他们可以同时考虑多件事情，开始认识到"昨天"和"明天"是相对词，只有与"今天"相比才有意义。随着对这些概念的理解，孩子对时间的理解也更进一步，能够把时间与日常经验联系起来了。

我最小的孩子在他4岁时问我，"今天是昨天呢，还是明天？"当我回答今天是今天，而且今天永远是今天时，他对我说，"那是不可能的……"

阿基拉，4岁。他通过早饭来理解每天的概念——每天吃一顿早餐，7顿早餐之后，爸爸就回家了。

亚历克斯，4岁。他知道"昨天、明天"是什么意思，他是通过睡觉来弄明白的——睡醒后就是明天。

不过，4岁的孩子还不能把时间与日常活动完全统一起来。他们可能认为玩得开心，时间就过得快；等待的时候，时间就过得慢；睡着的时候，时间就停了，因为他们没有"亲身经历"这段时间。因为孩子不能把时间与活动完全统一起来，所以让他们快点就很难奏效，甚至要迟到了，他们还是不紧不慢——在他们的头脑中有太多有趣、新奇的东西分散注意力，越是催促他们"抓紧时间"，看起来越是像在"浪费时间"。

丽贝卡，4岁。她会尽量抓紧时间干某一件事，但在我看来还是不够快。当你"着急火燎"时，她还是"不紧不慢"。

萨克逊，4岁。我们非常着急时，他通常有两种反应：极慢的速度和干脆停止。

阿基拉，4岁。上学快要迟到了，他仍然不紧不慢。对他来说，即使迟到了也不算很糟，结果就总是迟到。虽然有一次他说他不喜欢老迟到，但他在这方面的表现仍然没有多大改观。

塔维斯，4岁。除非我说要错过某件事，他才会着急，即使这样也不会因为害怕错过而有很大改观。催他的最好办法就是说"我不等你，要先走了。"

■■■ 一些孩子"活在现在",还不理解时间的概念。他们的想法完全被所见所闻掌控。"10分钟后",对他们意味着"不是现在",甚至可能是"明年"。

04 马上满足

孩子对时间的概念可以通过一个简单的试验来证明。在这个试验中,给孩子两块巧克力。第一块是从整条巧克力上掰下来的一小块,第二块是整条巧克力。告诉孩子,要么现在吃但只能吃小块巧克力,要么等10分钟后可以吃整条巧克力。

一些孩子"活在现在",还不理解时间的概念,现在就想吃小块巧克力。他们的想法完全被所见所闻掌控。"10分钟后",对他们意味着"不是现在",甚至可能是"明年"。2岁的孩子正处于这个阶段。在他们看来,面临的选择就是要么现在吃巧克力,要么现在不吃巧克力,完全不能理解10分钟后吃巧克力的含义。所以,试验结果表明,任何爱吃巧克力的2岁孩子都会毫不犹豫地选择"现在"吃。

贾森，2岁。他希望现在就得到小块巧克力（一会还要另外一块巧克力）。

多米尼克，2岁。他希望现在就得到巧克力。

3岁的孩子，对时间概念的理解十分有限，往往也是现在就要小块巧克力，而不是10分钟后要整条巧克力。

特列缅，3岁。他说希望现在就得到小块巧克力。

阿比吉尔，3岁。他选择现在得到小块巧克力，但他发脾气说，现在也想要整条巧克力。

到4岁时，孩子开始理解时间的基本含义。他们很可能内心希望现在就得到整块巧克力，但还是会选择，"一会再要整条巧克力。"不过，对4岁的孩子来说，等10分钟简直太难了，他们希望把巧克力放到其他地方，或者把眼睛捂上。这样在等待时就看不到巧克力了，眼不见，心不烦。如果看到巧克力，想要的东西就在眼前，孩子很难耐心等待，往往会推翻逻辑思维并要求立即得到巧克力（逻辑思维告诉孩子们，等待10分钟然后获得整条巧克力是最好的选择）。那些选择了等待的孩子会用唱歌、数数、背儿歌的方式来分散注意力。所以，在这个试验中，4岁孩子给出的答案大不相同，不过都属正常。

利昂，4岁。"现在"，就是他选择现在要一小块巧克力。

塔维斯，4岁。可能因为想现在就要整条巧克力，他拒绝进行选择。

瑞斯，4岁。他选择10分钟后要整条巧克力，但接下来的10分钟内，他不断地问时间。

凯蒂，4岁。她选择等待后要整条巧克力。在此期间，她不断地唱字母歌，直到达到了规定的10分钟。

丽贝卡，4岁。她酷爱巧克力，但有毅力等待以得到整条巧克力。她还试图跟你商量过多久她才能拿到巧克力。

到5岁，孩子的推理能力越来越强，对时间也有了更准确的理解。5岁的孩子知道，10分钟后可以获得的巧克力更多，而且10分钟也不是很长。所以，多数5岁的孩子会选择"一会儿得到整条巧克力"，而且会等着（有时非常耐心）接受奖励。

杰克，5岁。他擅长等待。他选择了10分钟后得到整条巧克力。

艾米丽，5岁。她选择了10分钟后得到整条巧克力。

▉▉▉ 3~4岁的孩子还不能十分确定什么是生物，什么不是生物，他们似乎有"泛灵论"倾向——即倾向于把所有东西，特别是玩具，都当做生物。

05 理解生物

到3岁时，大部分孩子已经对成长和时间流逝有所了解，能够认识到成长和时间的关系。多数孩子已经掌握了足够的知识，认识到虽然自己现在不是婴儿了，但曾经是个婴儿。

贾森，快3岁了。他知道自己过去是个婴儿，而且"那个婴儿"和现在的自己是同一个人！

丽贝卡，3岁。她开始认识到自己曾经是个婴儿，但却总是认为她婴儿时的照片是妈妈新生的小妹妹佐伊。

孩子在3~4岁时开始理解时间和成长的概念，也可以对生物与非生物加以区分了。这时候，孩子主要是根据物体的外观特征来判断其是否有生命。比如,是否能移动、呼吸或吃东西。对一些物体,通过这种方法很容易判断,但对另一些物体,答案就不那么显而易见了。举例来说,这个年龄的孩子,大致可以正确判断出金鱼和老鼠是生物,照相机和岩石不是生物。但要对植物、洋娃娃或者能说话的机器人等做出判断,他们可能会觉得非常困难。这些东西不会动,但看起来像人;会说会动但不会吃……它们到底是不是生物呢?

伊万和尤安,3岁。他们把金鱼、老鼠、植物、岩石、照相机、洋娃娃、蛹和机器狗等都归为"生物"。

茜丝莉和弗朗西斯卡,4岁。对于一些物体,她们的看法总在不断改变,有时认为这些东西属于生物,有时认为它们不属于生物。

利昂,4岁。除了植物外,他能把所有东西都正确归类。

科里和瑞斯,4岁。他们认为蛹不属于生物。

这些例子中,3岁的孩子往往认为洋娃娃和机器人属于生物。到了4岁时,孩子基本能正确判断这些东西不属于生物,但有时还比较迷惑。这正说明,这个年龄的孩子开始意识到,有时候眼见未必为实。

这个年龄的孩子还不能十分确定什么是生物，什么不是生物，他们似乎有"泛灵论"倾向——即倾向于把所有东西，特别是玩具，当做生物。如果父母走到电视机前，挡住了玩具泰迪熊的"视线"，孩子就会大喊，"泰迪看不到了！"孩子还认为吃饭时也应该有人喂泰迪熊"吃饭"；晚上睡觉前，泰迪熊也要"听故事"。同样，如果桌子或椅子"撞到了"孩子，也会招来斥责！在某种程度上，"泛灵论"倾向反映了孩子的看法，这个世界上的所有人和物与自己的感受是相同的；也反映了孩子对许多事物的本质还缺乏透彻的认识，对"生命"究竟为何物还不确定。

学龄前的孩子对"生长"的理解还十分有限。他们可能认为，结晶体是生物，因为能看到它"生长"；或者认为陀螺是生物，因为它转起来就像长大一样。与此类似，孩子仍然不确定一颗生长缓慢的植物是不是生物——它不能动，也看不到它呼吸。有趣的是，孩子似乎能够意识到植物与动物以及与人造物体都不同。这似乎说明他们明白植物和动物虽然都是生物，但属于不同的种类。

通过自己作为生命体的经验，4~5岁的孩子开始认为生命体具有一些特性。这时候孩子会说，活的东西能呼吸（就像自己一样），能自我疗伤（有时要借助膏药），要吃要喝（饿了渴了时），也有妈妈——像小狗、小猫、小牛、小羊等动物幼崽经常只和妈妈在一起，等等。但这时候孩子往往意识不到动物也有父亲。

▋▋▋ 到4岁时，孩子开始认识到男女有别，但对生育及性没有真正意义的认识。比较和研究生殖器是孩子最终认识到男女之别和了解性别的关键一步。

06 生生不息

生命的一个本质特征就是具有繁衍能力。孩子可能意识到有一天他们也会有自己的孩子，但对"有自己的孩子"的机理一点也不懂。孩子对性与生育的理解主要取决于父母告诉他们什么相关知识。这时候，医院或"妈妈的肚子"在他们心目中的印象比较深刻。即使孩子能够描述出孩子是妈妈的卵子和爸爸的精子结合的结果，也根本不明白其中的含义——这些只是他们听来记住的一些话而已。

等再长大些，孩子就能理解生殖的方式，也能理解生物会把一些特征遗传给后代，例如头发和眼睛的颜色。虽然生物遗传这个概念非常复杂，但孩子可以通过亲身经验来理解它。孩子知道，虽然小布谷鸟由另外一种动物抚养大，但它们还是具有亲生父母的特征。一些3~4岁的孩子甚至明白像跑步这样的动作特征不仅仅靠遗传，还可以通过练习或训练得到提高。

到4岁时，孩子开始认识到男女有别。比较和研究生殖器是孩子最终认识到男女之别和了解生物性别的关键一步。以下日记摘选是这个年龄孩子的典型案例。

妮珂拉在上学前有个男性小朋友。有一次，他们试图互相找出彼此的不同。

杰克，4岁。他对小鸡鸡非常在意，会在卫生间里把包皮翻上去，还为小鸡鸡能勃起感到自豪。

到4岁时，大部分孩子知道他们曾经是婴儿，从妈妈的肚子里生出来，是有一天爸爸把一颗种子放到妈妈肚子里，结果长成了自己。不过这并不表明孩子真的了解实情，只是他们听到并记住的一些东西罢了。5岁前，孩子对生育及性都不会有真正意义的认识，也想不到生命周期或死亡的复杂性。他们无法想象以前不存在的东西怎么产生，还会问在妈妈肚子里之前自己在哪里。

到4岁时，孩子才知道只有女孩长大后成为女人，才能生孩子，但具体细节在他们头脑中还比较模糊。

苏珊娜，4岁。她认为婴儿是通过肚脐从妈妈的肚子里出来的。

布雷德利，4岁。他认为妈妈从哪里出来，孩子就从哪里出来。

亚历克斯，4岁。他知道婴儿是从妈妈的肚子里出来的，但在那之前，他是妈妈眼里闪耀的光。因为当亚历克斯问，妈妈的结婚照里他在哪里时，妈妈就这样回答。

丽贝卡，4岁。她对性知之甚少。和大多数孩子一样，她天真无邪，非常可爱，有时她的话令我忍俊不禁，甚至感到尴尬。有一次在饭店，她问她是不是从我肚子里出来的。我觉得如实回答是最好的办法，于是说她在我的肚子里发育生长，然后从"妈妈的下面"出来。她说，"天哪，妈妈，那你下面一定有个很大的洞"（声音很大）。逗得周围的人哄堂大笑。

4岁的孩子还不能真正理解成人之间的关系，但很多孩子会说他们有"女朋友"或"男朋友"。他们开始具有了较强的独立意识，大部分时间更愿意和同龄人一起度过。

杰克，4岁。他已经有女朋友了。他的女朋友叫夏安，也是4岁。他认为，克利奥（2岁）显然太小了，还是夏安这样一个年龄相仿的"成熟女性"比较适合做自己的女朋友。

乔基，4岁。她还没有男朋友，但她告诉我说要嫁给劳伦或查德。

萨克逊，4岁。他想带着戒指去上学，因为这样他就能娶菲比了。后来，他说到时候他们就可以像电视里那样结婚了。

4岁时，孩子会牵手、拥抱、甚至相互接吻。一想到成人也做同样的事情，他们就会天真无邪地大笑或非常好奇。

丽贝卡，4岁。她有一次在电视上看到一个男人吻一个女孩，还看到舌头，就觉得非常滑稽，非常恶心。

乔基，4岁。她除了知道有男性、女性外，对性一无所知。如果在电视上看到床戏，她就会问，"他们在干吗呢？他们要结婚吗？"

萨克逊，4岁。他一天晚上看到电影里的热吻镜头，就煞有介事地说，"看啊，他们在接吻。孩子在结婚之前不能接吻，是不是？"

▐▐▐ 4～5岁后，孩子逐渐认识到人死不会复生，但依然认为死亡与己无关，也不会因为接触死亡而感到伤心。接触动物是孩子理解死亡的常见途径。

07 认知死亡

4～5岁以前，孩子对死亡的理解非常有限。他们只会以卡通的方式来理解死亡——汤姆和杰瑞一定会绝处逢生，不会真的消失。在这个阶段，孩子不知道，人死不能复生。恰恰相反，他们认为死亡只是一种暂时的状态，就像睡觉一样，死人可以继续生活在天堂或地下。

艾丽丝，3岁。她能看出虫子、苍蝇或蜗牛要死时的样子，喜欢弄死这些动物。她还知道卡通人物能被杀死。我认为她还不懂现实生活中的人逝世或者被杀死是怎么回事。她曾经试着把从茎部折断的花重新埋到土里，以为它们还能继续存活。

特列缅，3岁。他认为人如果死了，就得去医院。他不懂死亡意味着什么。

萨米，3岁。他对死亡知之甚少，认为人死了还能复生。

亚历克斯，5岁。他说金鱼死了就上了"鱼的天堂"。伊万，3岁。他则坚持认为金鱼去了伦敦。

　　与动物接触是孩子理解死亡概念的最常见途径之一，他们通过这种方式了解死亡与睡觉等其他状态的不同。这个阶段的孩子认为，死亡对他们个人不会有什么影响，还经常把死亡与睡觉相混淆。许多孩子认为，死了的人或动物只是走了。上面的例子中，伊万就认为金鱼只是去了伦敦。
　　从4～5岁后，孩子逐渐认识到人死不会复生，但依然认为死亡与己无关，也不会因为接触死亡而感到伤心。

萨克逊，4岁。他在看有关恐龙化石的节目时，问道，"妈妈，我死了后会变成骷髅吗？"第二天晚上看电视时，节目中有只小猫死了，动物学家正在处理尸体。他说，"看，猫就要装进塑料袋里被带上天堂了。"

阿基拉，4岁。他理解死亡的概念。有一阵子，他总问关于死亡的问题。有一天，他过来对我说，"妈妈，一个人死了，他（她）的故事就结束了吧？"我很高兴他有这样的理解，就回答说，"是的，你说得很对。"

虽然有些孩子想到死亡时并不恐惧，但对刚开始了解死亡的孩子来说，还会为此有点伤心或担忧。

萨克逊，4岁。他有时托住我的脸，不安地看着我说，他不想我死。他还问奶奶，是不是她有白头发了就快死了。

亚历克斯，4岁。他听说人死了就不会再醒来，而是变成天使。但他并没有被这个概念吓到。他想，成为一个天使，就能飞翔了。但他怕被汽车撞到，那就再也醒不来了。

我父亲过世时，丽贝卡刚刚2岁。我们家庭关系非常亲密，所以她很伤心。我曾经说，姥爷在天堂过得很快乐，但时至今日（丽贝卡现在4岁），她仍然时常说她想念姥爷，还会因为再也见不到姥爷而放声大哭。她害怕家里人去世。她的一位太爷爷住在澳大利亚，明年就100岁了。丽贝卡问，到101岁时，太爷爷会不会去世？对此我回答，谁也不知道人什么时候死去。

一旦了解了时间的概念，孩子就知道，随着不断发育成长，人和动物会发生变化，还知道生物生存都遵循生命周期，包括出生、成长、繁衍和死亡。虽然孩子现在知道死亡就是终点，人或动物死了就不能复生，但还无法理解死亡的全部含义。孩子认为人死后究竟会发生什么，这取决于父母对他们的耳濡目染，以及所处的宗教和文化背景。

费边，5岁。我想他知道死亡就是终点。我们在谈话时提到有一天我们都会去世，西奥（7岁）和费边都能意识到这一点，但他们认为我们还可以活很长时间，并为此感到很庆幸。

去年，杰克的奶奶去世了，当时杰克才5岁。这件事，他记得很清楚。他知道，刚开始奶奶生病了，现在奶奶生活在一个快乐、安逸的地方。爷爷早在他出生前就去世了。杰克对爷爷非常好奇。

妮珂拉，6岁。她知道有一天自己会去世，这就意味着"我再也看不到这个世界了"。

当被问到死亡时，5岁的姬素丽回答，"死了就听不到了，不能说话了，睁不开眼睛了，不能走路了，再也不能回家了，除非你重新获得生命。"

▍ 5岁时孩子的思考方式会发生极大变化。有了时间感后，孩子对生物的生长变化就有了新的认识。不过还是会对比较复杂的生命周期变化感到迷惑。

08 生命周期

孩子到了上学的年龄后，就能理解更复杂的概念了，开始了解家庭关系和生命周期的动态变化。这个阶段之前，孩子的知识还是完全建立在"所见"基础之上。例如，对于较小的孩子来说，奶奶之所以为奶奶，是因为她白发苍苍。其实，3岁的孩子根本不知道奶奶就是父亲的妈妈。

艾丽丝，3岁。她见了老妇人就叫"奶奶"。

特列缅，3岁。我觉得，他并不知道他祖父母比我大。

孩子能否认识到祖父母比父母年龄大，取决于他们对时间的认识，他们正在形成时间概念。

乔基，4岁。她知道祖父母的年龄比我们大。当我们一起外出时，还提醒我们走慢点，因为奶奶走不了那么快。

亚历克斯，4岁。他能够清楚地知道祖父母年龄比较大，而且知道"奶奶是爸爸的妈妈"。他似乎能理解家庭成员之间的关系。

费边，5岁。最近他经常问每个人的年龄。他还问，"爷爷的年龄比爸爸大吗？"或"爸爸和奶奶谁的年龄大？"

孩子只有在能够思考和理解抽象概念后，才能真正理解生命周期。大约5岁时，孩子的思考方式会发生极大变化。他们在这个时期第一次超越眼前看到的事物，更加注意事物当前并未显现的特征。

假如两兄弟分别为3岁和5岁，告诉他们可以拥有一只小狗。3岁的孩子认为，宠物店看到的黑白相间的小斑点狗最好，并不会意识到那只小狗会长大。5岁的孩子则会解释说，这种斑点狗会长成非常大的狗。3岁的孩子还是理解不了这一点，坚持认为那就是小狗。5岁的孩子不仅能看到眼前的小狗，还能想象到这只狗长大后的样子。

孩子有了时间感后，对生物的生长变化也就有了新的认识。

不过他们还是会对一些比较复杂的生命周期变化感到迷惑，例如毛毛虫变成蝴蝶或飞蛾。孩子会认为，毛毛虫蜕变成蝴蝶的过程是，毛毛虫爬出来，蝴蝶钻进去，占据了毛毛虫的位置。孩子对类似的变化很感兴趣，但对整个过程的实质还不太了解。

　　杰克，5岁。他喜欢观察青蛙卵变成蝌蚪，蝌蚪变成青蛙的过程。

　　费边，5岁。他不断观察我们养的毛毛虫有没有变成蝴蝶。不过，到目前为止，还没有一只毛毛虫变成蝴蝶。

在这个发展阶段，孩子不借助可见的外部特征，例如是否能呼吸和运动等，就能分辨出生物和非生物。他们知道，无论外表怎么变，生物的本质特征不会变，而且活着的动物和植物可以生长、繁衍，需要水和营养。他们还知道，像陀螺、水晶、云彩和烟雾等非生物不具有生物学意义上的生长能力。他们还能分辨出生物个体是死是活。

　　杰克，5岁。他能举出什么是生物，什么不是生物的简单例子，还能分辨出臭虫或植物是活着还是死了。

孩子对性知识的了解程度还取决于他们读到或听到的东西。当被问及性时，5岁的孩子会有不同的反应。有的孩子只是有模糊的印象，有的孩子则能对此说得头头是道，但他们对字面背后的真实含义还是不太清楚。

杰克，5岁。他知道自己曾经是个婴儿，还知道婴儿是从妈妈肚子里出来的，但从来没问过妈妈又是哪来的。杰克知道其他孩子有兄弟姐妹，但他不知道一般家庭只有几个孩子。因为，有一天他说，"我想有39个姐妹，51个兄弟，2个像霍莉那样的婴儿。"

西奥，5岁。他说，"婴儿在你的身体里像大脑或其他东西一样，慢慢长成人的模样，赤身裸体地跑出来。因为有婴儿睡在你肚子里，所以你的肚子就大了。"

费边，5岁。我怀马西姆时，他一直问我这个婴儿是怎么钻到我肚子里的，我就给他解释了一下。但他对"爸爸把他的种子放到了妈妈的卵子里"这个答案还不满意，继续问道，"那么，是怎么放的呢？"最后，我只好解释了整个过程。几个月前，费边又对我说，"妈妈，你知道怎么做肚子里才有小宝宝吗？今晚能不能再那么做一次，因为我还想再要个小弟弟。"

埃莉诺，5岁。她知道来自爸爸的半颗种子和来自妈妈的半颗种子相结合，就生出了婴儿。

姬素丽，5岁。当我问她"性"时，她说，"就是男人把'小弟弟'插进女人的'小妹妹'里，是吗？"听起来她似乎很懂精子、卵子和婴儿，比很多青少年知道的还要多！

▮▮▮ 到7岁左右，孩子就能从生物学角度来解释生殖、出生和死亡了。他们知道，生命依赖于食物、水和体内的运行机制。当体内运行停止时，生命就会结束。

09 认知生命

到6～7岁时，孩子形成了世界运行方式的理论，抽象思维能力也越来越高。这时候，孩子对与时间有关的复杂概念有更合理的认识，早已不再是"现在"和"不是现在"这样的概念了。"过去""现在"和"将来"这些词，对孩子来说，都具有了新的意义。他们知道，"日"既可以分成多个时间单位，又可以组成更大的时间单位。等具备足够的推理能力后，他们又可以把钟表作为较短时间（秒、分、时）的标尺，把日历作为较长时间（日、周、月、季、年）的标尺。

这时，孩子能够追溯时间的轨迹，了解关于家族祖先和文化历史的基本概念。他们现在知道，在奶奶出生之前，恐龙早就灭绝了！不过，孩子这时候还摸索着如何更精细地区分短暂的时间，特别是准确估计给定时间的长度。

孩子知道了过去和未来的区别，但是很难知道时间的精确长度——一个月有多长，什么时候是我的生日……他们还很难理解为什么5岁的西奥先过生日，而后过生日的霍莉（7岁）还比他大呢？

到7岁左右，孩子就能从生物学角度来解释生殖、出生和死亡了。他们知道，生命依赖于食物、水和体内（看不到）的运行机制。当体内运行停止时，生命就会结束。他们还非常清楚，只有女人才能生孩子，这也是男人和女人的根本区别之一。值得一提的是，孩子这时候是从生物学角度，而不是从性的角度来看待男女之别。事实上，这个年龄的孩子对做爱过程中的肉体或情感问题知之甚少，他们通常认为性与生孩子之间的联系非常奇怪，甚至有点令人尴尬。

凯蒂，7岁。如果你问她婴儿来自于哪里，她就会咯咯地笑。她知道答案（我告诉过她），但她会说，"这不太好说！"

安妮米卡，7岁。她清楚生命的来源，但由于尴尬，不愿意过多谈起这类话题。她知道这是成年人的事，刚开始是接吻！她还知道"小弟弟"进入"小妹妹"后就能怀上婴儿。

这个年龄的孩子对生殖过程的理解程度，反映他们所接受信息的水平。以下示例可说明这个年龄段孩子对生殖的理解程度。

阿曼达，6岁。她认为性是亲吻、拥抱、脱衣服和互相摸私处。

克雷格，6岁。伊万，8岁。他们知道性是发生在两个相爱的人之间的事，还会因此生孩子……如果两个人相亲相爱，就会亲吻，抚摸。他们还知道这是非常隐秘和特别的事。仅此而已。

安娜，6岁。双胞胎索菲和拉米，8岁。她们都了解性和做爱的结果，但不了解频率。

霍莉，7岁。她说，"男人靠近女人后，给她们下了蛋，然后女人孵出来。这个蛋开始像个圆球，长上两三周后，就准备通过你下面出来了。"当我问她什么是性时，她说，"当你们相爱时，你就会在你男朋友面前跳舞。"我问她，"什么是爱？"她说，"当你们亲吻时，那就是爱。"

不过，孩子这个时候还在努力弄清周围成人之间的相互关系。

卡里尔父亲的第二任妻子（我是第一任妻子），现在跟他叔叔（父亲的弟弟）结婚了。卡里尔最近问叔叔，"你和婶婶睡在一张床上吗？你们彼此相爱吗？你们什么时候离婚？妈妈和爸爸彼此相爱，但是现在离婚，爸爸和婶婶彼此相爱，后来也离婚了。"显然，他想尽力弄清楚目前家庭成员之间的关系，但这关系确实太复杂了。

在学校学了更多生物知识之后，孩子知道人体内有各种器官，如心、胃和脑等。这些器官的运作对生命和健康至关重要。现在，孩子的推理能力提高了，开始认识到生命有赖于体内复杂的生物过程。这样的认识可以帮助他们更深入地了解生命周期。如果体内器官运行不正常了，疾病或死亡就会到来，不过对于其中的细节，他们还知之甚少。

霍莉，7岁。我问她，如果她死了会怎么样。她回答："死了后，大脑和身体脱离，血液、皮肤也和身体脱离，只留下了骨架。"（我们家不信宗教）。

科里，7岁。他认为人到了100岁才会死。人死亡，要么患上重病，要么遭遇事故。他对谋杀孩子等新闻报道非常好奇。看到这类报道，他会问很多问题，例如，他们是怎么死的？会流血吗？他还没有亲身经历过死亡事件。

孩子在逐渐理解生命周期的过程中，理解死亡这个概念需要的时间最长。这不足为奇，因为即使成年人也很难直面死亡，谈及这个话题往往感到沮丧。于是，这个话题很容易被放到一旁，暂时抛开。但是，这反过来又会增加孩子对死亡的焦虑和恐惧。

这时候，孩子已经能够思考更抽象的问题了。他们对死亡更加担忧，特别是失去所爱的人，会令他们非常焦虑不安。但这种情况也取决于他们的亲身经历。

罗里，7岁。他意识到有一天自己会死。我想，他对死亡这个概念的兴趣远远大于恐惧，因为他还没经历过身边熟人去世。

卡里尔，7岁。他知道死亡就意味着失去亲人、悲伤和永别。想到我和他父亲都会去世，他问道，"那谁来照顾我呢？"他不想让我火葬，而想让我土葬，这样就能时常来看看我的坟墓。我母亲去世的时候，我才16岁。他非常想知道我的这段经历。

泰费，8岁。她突然听到死亡的概念，知道有一天自己会离世时，竟然流下了眼泪，并因此感到恐慌。她因为死亡感到非常不安，怎么哄也哄不过来，于是我们花了一晚上的时间探讨这个问题。她完全不能理解死亡就是人生的终点，不断地问，"是的，但你死了以后会干什么呢？你有什么感觉？你有什么想法？你怎么说话？"完全是一副伤心欲绝的神情，什么天堂、转世等等说法，根本安慰不了她。

> ■■■ 随着越来越理解世界的运行方式，孩子变得更加独立，自尊心也越来越强，不再对生命和死亡担忧，而是把注意力集中到现实生活中。

10 纵观人生

到8岁时，孩子对时间有了更精确的理解，可以把过去的事和将来的事按时间顺序分类，也可以进一步理解与时间有关的概念。如第四章所述，他们的抽象思维能力也提高了，可以更清晰地思考未来，制定长远计划。

现在，很多孩子喜欢建立自己的"时间囊"，比如将照片、纪念品和心爱的东西埋在花园，留给子孙后代。虽然这只是一种游戏，但孩子在这个过程中的言行反映出，他们知道自己有一天会死去，但他们的照片和纪念品会被子孙后代发现。

这个年龄的孩子对人的生命周期，包括死亡和性也有了深刻理解，不过仍然不了解做爱的奥妙。直到进入青春期，体内的激素开始变化，内心产生朦胧的爱情时，他们才能正确理解人类繁衍生息这一方面的信息。

事实上，在童年中晚期，当在电视上看到或听到关于性交、亲吻或爱情时，很多孩子会感到尴尬或表现出对此不感兴趣。

安妮米卡，7岁。当电视上出现做爱画面时，她通常捂着眼睛咯咯笑，觉得这很令人尴尬。

泰费，8岁。她看到电视上有人在接吻时，觉得很尴尬，会把头扭开，还喊道，"唔，唔，唔！"她和朋友马克斯（他更像她兄弟）最近在公园目睹了一对夫妇接吻，他们就把手指放在口里吹口哨（不过声音不大）。

乔丹，8岁。他不喜欢看女性节目和广告。如果电视上有做爱场面，他就换频道并喊道，"喔，天啊！"他对异性不怎么感兴趣。

乔纳森，9岁。他对性不感兴趣，从来不谈与性有关的话题。我猜他多多少少了解一些吧。他认为电视上的做爱场面是"愚蠢的行为"，有时看到电视上出现的这种场面就离开。

玛丽，9岁。她常常觉得男生有点讨厌。一看到电视上有接吻镜头，她就开始插科打诨。

维多利亚，10岁。她认为性就是男人和女人互相表达爱慕的方式。她不喜欢看电视上的做爱场面，看到时会把眼睛捂上。

除此之外，孩子能很好地理解生命的其他方面，包括时间流逝。这时候，孩子知道时间是"流动的"，还知道时间单位与其间发生的活动没有任何因果关系。他们能按发生的时间把事情分类，还能想到更具体的时间概念，如"明年七月"或"去年春天"。这样，孩子就可以通过记日记来记录往事，也可以规划未来和个人目标了。

乔纳森，9岁。他对足球比赛作了详尽的计划。他知道哪支球队什么时候比赛，并规划好了看电视，还是听广播。

双胞胎泽哈伊和阿玛莉亚，9岁。她们都对以下目标制定了计划，大学生活、工作、买大房子、生日或节假日、朋友聚会、俱乐部狂欢、化妆上街、养宠物等。两个人都写日记，但有时会忘掉写年份。

玛丽，9岁。她的一句口头禅是，"我等不及要……"然后在那天到来之前的几个月，就开始倒计时。

克里斯托夫，10岁。他计划买一套好房子（长大以后)。他总是在想该怎么挣钱,这样长大后就可以买房子了。他还憧憬什么时候能实现这个目标。

通常来讲,长大些的孩子对生命、性和死亡的理解更为实际。随着越来越理解世界的运行方式,他们变得更加独立,自尊心也越来越强,不再对生命和死亡担忧,而是把注意力集中到现实生活中。

克里斯托夫,10岁。妮珂拉,6岁。下面是他们和爸爸的一段对话。

克里斯托夫:"您什么时候写遗嘱呢?"

爸爸:"在你结婚或者买房子后,也可能在你有你的孩子以后。"

克里斯托夫:"那,您写完遗嘱了吗?"

爸爸:"写完了。"

克里斯托夫:"如果您死了,你愿意谁来继承您的遗产呢?"

爸爸:"妈妈。"

克里斯托夫:"如果她也死了,谁继承呢?"

爸爸(有点担心):"你和妮珂拉。"

克里斯托夫:"如果你们死了,谁照顾我们呢?"

妮珂拉:"爷爷奶奶。"

克里斯托夫:"如果你们都死了,我们该怎么办呢？"

妮珂拉："我们就得去爷爷奶奶家吗？"

克里斯托夫："傻瓜。我不是问这个。"

艾莎，10岁。她知道人可能因病去世。当动不了时，身体就会停止运转。她知道，自己最终也会死——也许在60年以后。如果有人想杀她，她会很害怕，但如果发生在睡觉的时候，她就不会为此担心，因为事情发生得毫无知觉。

下面是克里斯托夫和爸爸的另一段对话。

克里斯托夫："我觉得人类不应该杀动物。"

爸爸："假如老虎咬你，你希望我开枪打死它吗？"

克里斯托夫（停顿很长时间后）："我不确定。无论如何，总会有条生命要死去。"

进入青春期后，随之而来的巨大变化逐渐削弱了孩子的自信心，他们感到再也控制不住自己的身体和情绪了。11~13岁之间，男孩的睾酮水平开始提高，体型、体毛、音调、皮肤和身高也会发生巨大变化。女孩往往变化得早些，在8~9岁时，身高、身体脂肪分布发生变化，恒牙也开始发育。女孩月经初潮的平均年龄在13岁左右，10~16岁之间出现月经初潮也算正常。

青春期的许多迹象开始呈现，这会让孩子感到一些难堪，特别是当认为自己比同龄人发育得快或慢时。纵然如此，这些变化凸显了人类的生命周期，特别是发育问题和生殖问题。对孩子来说，青春期可能既是焦虑期，又是兴奋期。孩子到青春期以后越来越独立自主，正在快速走入神秘的成人世界。青春期的孩子已经完全理解了人类生命周期，正在渐渐了解丰富的生活和广袤的宇宙。不久，这些孩子就要开始自己的生活，开辟自己的天地。

第六章

独立自主

在独立自主之前,孩子必须树立自我意识,学会照顾自己,培养和锻炼适应社会所需的能力,学会用成人的行为规则来规范自己。

你一天能做多少次决定？长大成人后，大部分人都能独立生活，每天要做成百上千次决定。这些决定错综复杂，既有影响以后几天生活的微小决定，也有影响一生的重大决定。

一天中，我们必须决定什么时候起床，穿什么衣服，吃什么东西，去哪儿，怎么去，等等。每天，我们还要决定晚上吃什么，看（或不看）什么节目，给哪个朋友打（或不打）电话，做（或不做）什么家务，什么时候休息……决定似乎没完没了。当然，许多决定不假思索即做出——人是习惯性动物。我们拥有照顾自己的能力，拥有自己做出决定的能力，这是我们独立自主的关键因素。

人生的重大决策并不多，甚至是凤毛麟角，但在必要时也不得不面对这样的决定：在哪生活，与谁生活，要不要孩子，从事什么职业，等等。虽然很少做这些决定，但独立自主的生活赋予了我们做这些决定的能力。独立是把双刃剑，既给了人选择的自由，又给了人抉择的痛苦。独立后，我们想做什么就做什么，想怎么做就怎么做，但同时也要对自己的行为负责——这也是人之为人的必要责任。

人获得独立性的过程比较缓慢，人类比地球上其他物种达到独立状态所花的时间要长。受不同文化影响，一些孩子独立得要早一些，但通常孩子在十来岁前不会离开父母。在独立自主之前，孩子必须树立自我意识，学会照顾自己，培养和锻炼适应社会所需能力，学会用成人行为规则来规范自己。同时，孩子还必须学会控制自己，树立道德观念，承担个人责任。独立之路并非一帆风顺！

▆▆▆ 自我意识是独立生活能力的必备要素。6个月大的婴儿，开始对陌生人表现出一种全新的行为——戒心或恐惧。这种戒心，在婴儿开始探索眼前的世界时尤为重要。

01 独立第一步

人都有自我意识，而自我意识是独立生活能力的必备要素。但是，如第一章所述，婴儿并不是天生就有自我意识，他（她）认为人中有我，我中有人。

人的自我意识形成得很早，一般在婴儿会讲话之前就开始有自我意识了，在6~9个月大时表现得比较明显。这时候，婴儿不再因为其他婴儿哭就跟着哭了——他（她）第一次开始了独立行动。

出生后的最初几个月里，婴儿迅速认识周围大量的人和物，很快就能认出哪些人或物比较熟悉、哪些比较陌生。6个月大的婴儿，逐步对爱他们、照顾他们的人——爸爸妈妈、爷爷奶奶、哥哥姐姐或保姆建立深厚的感情。从这时起，婴儿开始对陌生人表现出一种全新的行为——戒心或恐惧。当陌生的成人走近时，孩子甚至会哭。

当萨凡尔（8个月大）看到一位很久没见的女士走近时，她就把头埋起来，看起来很害怕的样子。当那位女士再靠近些，萨凡尔就哭了起来。她的双胞胎弟弟罗曼当时没有哭，但脸上也表现出怯生生的样子。

这种戒心，或被称为"陌生人焦虑"，在婴儿一旦能够行动，开始探索眼前的世界时尤为重要。当孩子四处活动时，无论是爬，还是扶着家具挪动或蹒跚学步，都有可能离开看护人的视野，但他们还没有分辨所处环境安全与否的经验。于是，在孩子无法认出哪些东西是否有害之前，对新事物——包括对高度、黑暗、陌生人、陌生地方和一些动物的天生敏感与戒心，就是其自我保护的生存本能。行动力可以使孩子不断获取独立性，与此同时，保持戒心则为其提供了保护网。

孩子戒心的表现形式多种多样。然而无论在探索世界的时候表现得非常胆大还是小心谨慎，孩子在寻求独立性的早期还得严重依赖成人。特别是孩子面对新情况或新事物时，他们会不自觉地从成人身上寻找提示，看该怎么办。这种情况下，孩子不断观察成人的反应，然后从成人的言行举止中找到提示：成人是走近还是远离这些事物、人或地方。如果成人感觉良好，孩子也会参与或独自探索新事物；如果成人表示担忧或害怕，孩子也可能远远躲开这件东西。但即使认为某人或某物是安全的，婴儿也会不断回头看自己的看护人，以确定此人或此物是不是真的安全。

奥莱文16个月大时，他过了人生第一个"真正"的圣诞节，欢快地撕开了礼物上的包装纸。但是，打开包装后，他就茫然不知所措了，还需要我们鼓励他继续下去——我们玩那些玩具时，他也就玩起来了。

蕾安娜，2岁。当我们遇到很久没见过的朋友时，她会小心翼翼地看着我的表情。如果我带她认识新的孩子群时，她会加入玩一会儿，但总是不停地回头看着我，直到"戒心"消除后才全神贯注地开始玩。

有趣的是，女孩比男孩更容易发现看护人表现出的恐惧，并能够很快离开可疑物体。看护人似乎也知道孩子的这一特点，往往在表达恐惧感时，给男孩做出的表情显得更可怕。大部分2岁的孩子在不确定是否安全时就黏着看护人。当处于不熟悉的环境下或因故起疑心时，孩子就会与看护人保持较近距离。

伊珐，2岁。如果靠近路边、在人群中或周围有猫时，她就紧紧挨着我。

路易，2岁。天黑时，他就紧紧挨着我。

2岁孩子，在熟悉的环境中比较胆大。处于熟悉的环境和人群中，他们通常会选择自己玩。

奥莱文，2岁。如果到了熟悉的地方，他就非常自信和开朗，他经常头也不回地冲进小区孩子群或游戏中。

伊珐，2岁。她在早教中心表现得很独立。

与此同时，孩子必须不断提高体力、智力和情感能力，在发展个性的同时培养协作意识，学会怎么为人处世。到18个月时，孩子就有了自我意识，可以认出镜子中的"自己"了。到2岁时，大部分孩子能从照片上认出自己。孩子的自我意识不断增强，突出表现在占有自以为属于自己的东西和不断使用"我的""我"等词上。

海伦娜，2岁。最近的一次聚会上所有孩子都收到了礼物，但她因为喜欢别人的礼物，就拿了，还说，"这是我的，因为我喜欢它。"

多米尼克，2岁。当被问"你是男孩还是女孩"时，他总是叫道："我是多米尼克。"

▮▮▮ 这个年龄的孩子渴望"自己动手",反映了独立自主的意识在萌芽——随着自我意识的不断发展,孩子认识到自己可以掌控自己的小天地。

02 我要自己做

随着孩子的成长,当他们意识到自己是独立的个体,有权自己做事时,他们就开始拒绝成人的帮助,坚持自己做一些事,虽然不一定能成功。

娜塔莎,21个月大。她坚持自己吃饭,特别是吃烤豆,搞得一团糟!但她拒绝别人喂她。

海伦娜讨厌别人喂她。12个月时,她就拒绝戴围兜。之后一周,她竟然没有淋湿衣服!现在2岁了,她自己的事情自己干,坚持自己选衣服,自己穿衣服。唯一不愿做的事就是打扫卫生!

即使小小的年纪，孩子也能从自己的成就中收获巨大喜悦，尽管这些事是如此简单！他们迅速扩展能力范围，一旦认为自己可以做某件事，就坚决不让成人帮忙。

詹姆斯，2岁。他坚持自己做每件事——起床、下楼、开电视、盛东西、穿大衣、穿靴子……每天早上他都想把所有事情做好，而且总是忙得不亦乐乎。

马西姆，2岁。他坚持自己上下车，还很少让我喂饭。

贾森，2岁。他喜欢自己上厕所。如果条件允许的话，他还要自己洗漱、刷牙、做饭！

这个年龄的孩子渴望"自己动手"，反映了独立自主的意识在萌芽——随着自我意识发展，孩子认识到自己可以掌控自己的小天地，最终孩子当然会成长为独立自主的个体。但这个阶段，对他们来说，自己穿鞋、自己刷牙也都是不小的挑战。父母和看护人也许有点不耐烦，但这的确是孩子发展的重要阶段。完成了上述例子中的一些事情，孩子获得了"新技能"，还增强了自信心，提高了独立意识，这些都是往后的岁月中必不可少的。

随着个性和自我意识的发展，孩子开始对颜色、玩具和玩伴表现出个人偏好。这种好恶，是孩子表达个性的重要方式，也是表达自我感觉的重要方式。孩子选衣服时可以清晰地表现这一点。

马西姆，2岁。他有几件喜欢的衣服，总是反复穿，通常是因为这些衣服上有小动物。如果穿着特别喜欢的衣服，他就看起来很神气，还会跑过去向爸爸和哥哥炫耀。

詹姆斯，2岁。不管天气怎么样，也不管在哪里，他总想穿长筒靴。"这是'巴布工程师'长靴，詹姆斯很喜欢！"

当然，这个年龄的孩子挑选衣服并不总是适合自己。当被迫穿上自己也不知道为什么不喜欢的衣服时，他们会非常难过。

亚伦，2岁。他似乎明白衣服会变脏或会被弄湿，但还是想一直穿一套衣服，而且很固执。亚伦喜欢穿自己挑的衣服，但他不清楚不同的季节要穿不同的衣服。

贾森，2岁。他自己挑选衣服，我一般都顺着他。他有时候坚决不穿一些衣服，我只能合理让步。

自己挑衣服标志着孩子的独立意识正在增强。这时，孩子已经有了很强的自我意识，想以自己的方式表达个人爱好。同时，因为孩子缺乏读心能力，不能考虑别人的意见，又缺乏足够的自控力，所以还不能轻易应对受挫感。

▨▨▨ 2岁的孩子看起来有些调皮，不服从管教，总和父母唱反调，他们的口头禅就是"不""没有""不会"。这也反映了孩子的独立性正在加强。

03 可怕的两岁

2岁孩子的独立意识不断增强，但自控力十分有限，所以常常发脾气。这是一个比较难熬的阶段，因为孩子不断增强的自我意识还往往伴随着发怒情绪。当然，并不是所有2岁孩子都爱发脾气，但总体上2岁时孩子发脾气比较常见。这个发展阶段通常被称为"可怕的两岁"。

杰西卡，2岁。她正好处于"可怕的两岁"时期，当告诉她不能做一件事时，她会大发雷霆，即使做这件事可能伤到她。

海伦娜，2岁。她会因为穿衣服而发脾气。

当愿望受挫时，孩子就会发脾气，同时，不断增强的独立意愿也会受挫。当不让孩子做一件他（她）极其想做的事时，或他（她）无法实现目标（如用积木搭一个很高的塔，要拿到高架子上的物品）时，或别人听不懂他（她）要什么东西时，孩子的挫败感很快就滋生了。由于孩子没有时间观念，愿望实现耽搁一会儿也会感受到挫败感——孩子生活在现时现地，要求所有事情都马上发生。2岁的孩子还不知道该怎么应对挫败感，所以只能以踩脚、打人、咬人或躺在地上打滚来表达自己的情绪。

贾森，2岁。他心情不好时就看什么都不顺眼，说完"我不想跟爸爸出去"，爸爸前脚刚出门，又说"我想和爸爸一起出去"。如果他心情好，除非很累或给他吃不爱吃的东西，或逼他穿不喜欢的衣服，他很少找麻烦，也很少发脾气。

多米尼克，2岁。如果不按他的想法办，或行动慢了，他就会发脾气。

奥莱文，2岁。当无法做某件想做的事时，他就会发脾气。有一天，他试着把"乐高"玩具拼在一块，但失败了，就很不高兴，把"乐高"扔得满地都是。当我不让他做一些事时，如在天冷时光穿T恤就出去，或者玩电钻等，他也会发脾气。

发脾气虽然会令人（看护人和孩子自己）烦恼，但这是孩子成长的正常过程，在孩子早期的学习中发挥着重要作用。挫败感虽然导致孩子发脾气，但也能激励孩子去学习，成为孩子解决问题和培养能力的动力。只要孩子愿意找出并克服挫败自己的根源，就会认识到，只要反复锻炼和坚持就可以实现目标。比如，一个孩子不断从小自行车上摔下来，他（她）会一而再、再而三地尝试，直到会骑为止。另外，当达不成自己的愿望时，挫败感会鼓励孩子培养自控力，学会与人商量。所以，挫败感还有助于开发自控力，帮孩子学会与人商量。

即使孩子不发脾气，但由于争取做想做的事、拒绝做应做的事、反复做不能做的事而引起的冲突，在2岁孩子身上发生的频率是6个月大孩子的2倍。孩子看起来有些调皮，不服从管教，总和父母唱反调，他们的口头禅就是"不""没有""不会"。虽然难于应付，但这也反映了孩子的独立性正在加强。这个年龄的孩子还没有责任感，只是刚开始了解社会的各种规则，还需要了解社会接纳哪些行为、不接纳哪些行为。在各种冲突中，孩子经常微笑甚至大笑，似乎是故意想惹恼别人，好看看别人有什么反应。不过，这都是学习过程的一部分，是试验哪些规则必须严格遵守，哪些规则可以灵活应用的重要方法。

奥莱文，2岁。他有时为引人注意，故意做些我告诉他不能做的事。当他顽皮地笑着做那些事的时候，会看着我——明显是想看看能做到什么程度。

詹姆斯，2岁。他有时会故意淘气，全然不顾可能会挨骂，照旧开心大笑。

随着敏捷性和语言能力的提高，孩子克服了旧挑战，又开始尝试新事物。之前接受这些新事物虽然比较难，但现在越来越不费劲了。能力提高了，成就感和独立感"水涨船高"了，相应地愤怒感和挫败感降低了。这样，孩子发脾气的频率逐步减少，偶尔也会发点脾气，那是因为累了、烦了、受到威胁或者受到不公平对待。

利百加，3岁。她对陌生人又羞又怕，如果我与其他人聊得时间长了，她就会大发雷霆。她想引起人们的注意，但当他们直视她或问她问题时，她又觉得不自在，有时她会尖叫着低下头以避免和人目光接触。如果幼儿园其他孩子拿走她的玩具，她会大声尖叫，还可能躺在地上打滚。

阿比吉尔，3岁。只要不按她的要求做，她就会发脾气。当她不想走路或当她想被人抱起的愿望得不到实现；当她想看电视或想吃糖果的要求被拒绝时，她都会发脾气。

▌▎▎ 3岁孩子的自我意识更强了。孩子逐渐意识到自己的独立性,也开始珍惜它。看护人允许孩子拥有的独立程度主要取决于所处的文化背景。

04 独立性增强

到3岁时,孩子的自控力还在发展,孩子愈发能调控自己的情感和行为了。如第四章所述,孩子现在能进行思考和进行抽象思维了,记忆力和语言能力也在提高。这些进步表现为孩子可以更清晰地表达自己,更完美地解决日常问题。他们的挫败感和坏脾气在这个时候似乎也慢慢消失。

3岁孩子的自我意识更强了,还掌握了许多重要的日常技能,如洗脸、穿衣等。虽然他们还不太擅长这些技能,但对看护人的依赖更少,甚至宁愿自己费点劲,也不愿别人帮忙。尝到独立自主的甜头后,孩子这时候更积极主动、勇往直前。

艾米,3岁。她在幼儿园大门口时拒绝拉我的手。

利百加，3岁。在DIY手工店或超市，她喜欢跑到过道的尽头，再从另一头折回来找我，这让我有点担心。她一到公园，就直接向秋千走去。

到3岁时，大多数孩子被送到幼儿园或早教中心，这是3~4岁孩子的又一个竞技场。在这里，孩子的独立性发展得更加明显。这个年龄的孩子即使以前没有日托经历，一般也能适应短期离开家，在幼儿园可以自发活动，也能够与其他孩子尽情地玩耍。

现在，孩子逐渐意识到自己的独立性，也开始珍惜它。这在生活的许多方面表现得比较明显，甚至在"过家家"游戏中。18个月大时，孩子像对待婴儿那样对待布娃娃，要帮它穿裙子、让它吃饭和教它怎么做事；到了3岁，孩子就让布娃娃独立"行动"，"表达"自己的愿望和情感。这说明，孩子认为布娃娃和自己的独立程度差不多。

看护人允许孩子拥有的独立程度主要取决于他们所处的文化背景。西方的孩子学会独立，自我激励，拥有自己的观点，树立自己目标的年龄相对较小。所以，西方人自我意识很强，很独立，不太依赖周围的人。相反，如果孩子所处的社会崇尚社会群体，培养孩子时首先是让他（她）知道自己在社会中的正确位置、发挥的作用和承担的责任，他们的自我意识和独立程度也是以集体利益为重，则会与西方孩子有很大不同。

▉▉▉ 4岁时，孩子开始质疑之前遵守的规则，也学会推诿责任，以此来证明自己行为的合理性。随着看护人的不断提醒，孩子逐渐了解了应该遵守的规则。

05 挑战新极限

无论生于哪种文化环境，孩子都必须按照社会认可的方式培养自己的能力，实现自己的愿望。孩子在成长的过程中必须学会遵守社会规则，学会在不同情况下应用不同规则。

4岁时，孩子开始质疑之前遵守的规则，也学会推诿责任，以此来证明自己行为的合理性。事实上，当孩子用自己的逻辑来标榜行为的合理性时，往往令人啼笑皆非。

萨克逊，4岁。当他不想睡觉，因在熄灯后还看书遭到责备时，他就会说，他其实想睡觉，只是眼睛不让他睡。

随着看护人不断提醒孩子违反了哪些规则，向他们解释不良行为给别人带来什么感受，孩子逐渐了解了成长过程中应该遵守的规则。孩子的独立意识在不断增强,当他们可以更好地控制自己的生活后,也就有可能与看护人发生冲突了。4岁的孩子如果不能心想事成,仍然会发点小脾气。

利昂,4岁。如果他想要柠檬汁或巧克力,而我们不给时,他就会发脾气。

阿基拉,4岁。当因为有成人在场而不能随心所欲时,他就会发脾气;写不好字时,他也会发脾气。

布雷德利,4岁。他非常敏感,很容易被6岁孩子的言行弄哭或弄不高兴。当不能随心所欲时,他就会大发脾气。阿曼达惹恼他时,大部分情况下,他不知道该怎么办,只是大声哭叫。

如第二章所述,在试验可以独立的范围时,孩子经常明知故犯,做一些调皮的事。这样孩子逐渐明白哪些规则必须遵守,而在特定情况下,哪些规则可以违反。孩子做尝试的早期,违反规则的典型例子就是故意骂人和使用禁忌词。

萨克逊,4岁。如果遇到不如意的事,他经常说"讨厌"。最近,如果让他停止看《动物星球》而去睡觉,他就说"讨厌,讨厌,讨厌……"然后盯着我说:"混蛋。"我和他说，这个词不好。他马上笑着说："混蛋，混蛋，混蛋……"最后，他终于答应不再说了。当他关上卧室门时，我又听到他说了一连串的"混蛋"。当他意识到我会听到时，就再也不说了，而且从那以后就再也没说过。

孩子会说"屁股"这类的脏话。有一天，他们和一位朋友坐在车里，我听到他们在咯咯地笑。一个孩子说，"我知道'放——放屁'"，于是他们都哈哈大笑起来了。

孩子在这个年纪开始出现骂人的坏行为，说明孩子的伙伴开始影响他们的行为。孩子大部分时间和家人在一起，所以遵循的规则和自我意识基本保持不变。但是，随着在学校的时间越来越长，他们学到了很多其他行为，开始尝试看看这些新的言行在家里能不能被接受。孩子这时候通常是以一种试验的方式讲笑话。

杰克，5岁。他会对他想要尝试的事开玩笑，然后说，"只是开玩笑"。如果妈妈不高兴，他会说，"玩笑不好吗？嗯，妈妈？"

▮▮▮ 4岁时，孩子的读心能力开始发育。读心能力能使孩子更好地与人交往，也能使他们认识到不仅自己有独立性，别人也有独立性。

06 掌握读心力

4岁时，孩子的读心能力开始发育，这也是孩子通往独立自主之路的重要一步。如第一章曾经讲到的，4岁左右的孩子开始洞悉他人行为背后的想法、感受和信念。一旦孩子能够读懂别人的心思，就能够更好地理解别人，同时能更好地领悟自己的行为对别人的影响，也能更好地认识到不同人有不同的想法、观点和好恶。

随着语言能力和记性力的快速提高，孩子如果理解了成人的想法和行为之间的联系，就认识到自己作为独立的人，也可以影响别人。4岁的孩子很快就把读心能力用于与已有利的地方：当要东西受挫时，4岁的孩子一般不会马上发脾气，而是尽力商量，有时甚至采用诱骗、劝说或直接操纵他人的方式达到目的。

菲奥纳约4岁时,发现了一种高明的说服手段,从那以后就不断使用。这种手段就是,如果她想要什么东西,就不断给你说好话,还总是笑盈盈地尽力帮你干活!

读心能力能使孩子更好地与人交往,也能使他们认识到不仅自己有独立性,别人也有独立性。认识到不同人有不同看法后,就会又蹦出另一个深奥的问题:不只你对别人有看法,别人对你也有看法,而且别人的看法可能和你的看法大不相同!

这种认识说明4岁孩子的自我意识十分强烈。一些孩子因为害羞,不喜欢受到过多关注。这时,他们不仅根据自己的智力和体力,还根据家人、朋友的接受和理解程度来判断自身价值。如果孩子觉得大家都在看他(她)的举动,特别是认为人家在嘲笑他(她)时,就会觉得很不自在。但有的孩子就喜欢被关注,总觉得自己受到的关注远远不够,有时甚至通过出风头来引人注意。

利昂,4岁。人们嘲笑他时,他很尴尬,甚至会发火。

埃莉,5岁。她在父母面前"表演"后,告诉我她喜欢芭蕾舞,但不想再跳了,因为别人老盯着看,实在受不了。埃莉的自我意识很强,父母在跟前时许多事不愿做,但如果自己一个人的时候,显然她很自信和热情。

罗莎，3岁。她和姐姐不一样，喜欢受人关注，喜欢人多热闹。

姬素丽，5岁。她喜欢跳舞让我们高兴（但我们绝不能显露出嘲笑的表情）。她对一些自以为擅长的事情很执著——比如音乐或学业。她认为自己是"好女孩"的榜样，还尽力帮助别人。

不管是表现自我意识还是炫耀自己，这些行为说明孩子认识到其他人有独立的思想和观念。无论孩子是率性而为，还是考虑许多因素后的谨慎行事，这些行为的风格都无所谓对错。

■■■ 上学后,小伙伴在孩子的生活中发挥着越来越重要的作用。孩子根据小伙伴对自己的反应重新评价自己,开始对自己的个性形成了新的印象。

07 隐私的需求

5岁以后,大部分孩子都"转移"到了学校,这是孩子通往独立自主之路的又一重要里程碑。即便很少走出家门的孩子,现在也不得不"自力更生"了。这听起来有点吓人。事实上,5岁孩子的独立程度也的确差别很大。孩子对环境的熟悉程度及其个性、气质等多种因素影响着他们对独立的认知。在不熟悉的环境中或恐慌的情况下,大部分孩子会选择紧挨着父母或看护人。

内奥米,5岁。她坐扶梯时就紧挨着我——害怕有人掉下去,对自己造成伤害。

杰克,5岁。如果我带他去他不愿去的地方,如医疗室、牙科诊所、医院等,他会紧挨着我。如果有一大群孩子或陌生人朝我们走过来，他也会紧挨着我。有不认识的成人和他说话，他就会看着我，以此来给自己壮胆。

同时，5岁的孩子在做喜欢的事时，越来越热衷于冒险，只要有熟人跟着，他（她）愿意走得远一些，越远越好。虽然自己还不能独自走太远，但5岁的孩子已经开始想要更自主一些，甚至想要自己承担更多责任。

姬素丽，5岁。如果她和姐姐或朋友在一起，她会走得远远的，去看个究竟。比如，在自然历史博物馆里时。

费边，5岁。他喜欢在长凳下到处乱爬，还喜欢在公园里或操场上到处乱跑。他也很愿意到朋友家里去玩。

上学后，小伙伴在孩子的生活中发挥着越来越重要的作用。现在，孩子和小伙伴在一起的时间越来越长，这有利于促进他们自主能力的提高。成人发现孩子自主思考、自主做事的能力越来越高，也就会给他们更多自由。

总之，独立自主是指完全靠自己，而不是靠父母的指导来做决定。事实上，小伙伴和朋友在孩子实现"独立自主"的过程中起到非常重要的作用。孩子长大后，越来越依赖朋友。上学以后，他们一般和朋友在一起共同度过超过40%的时光。从这时候开始，孩子对父母的依赖越来越少，在家里变得像特工一样，孩子除了说一些必说的事之外，几乎不愿意与父母或看护人分享一天所发生的事。

杰克，5岁。像他爸爸一样，他从来不事先讲当天要干什么，总是在事后才告诉你。他对所有事的回答都千篇一律——"对，没错。"

费边，5岁。当我问他时，他会告诉我一点他当天做的事，但后面就都是些无关紧要的事了。

姬素丽，5岁。她会适度说些当天要做的事。她会说小部分过去发生的事——经常是她认为我感兴趣的事。例如，谁在操场上对她不友好或午餐吃了什么。说这些事情的时候，她会省略许多细节，但会谈一些令人兴奋的情节。"打扮得像雪花一样进行圣诞演出"，就是她为我描述的。

亚历克斯，6岁。他不愿意说当天要干的事，但一天以后会说。似乎他想自己处理这些事情。

孩子的缄口不言，反映了他（她）的独立程度和隐私需求在不断提高。随着抽象思维能力不断提高，孩子现在更加理解自己的心理，能以抽象人格特征，例如害羞或社会性，来了解自己。
在这以前，孩子主要依靠家人和密友的反馈来判断自身价值。从现在开始，孩子的自我意识逐渐建立在与小伙伴的关系，以及在学校的表现上。与小伙伴在一起的时间长了，孩子就得遵守新的规则，从而融入新的群体。这时候，孩子根据小伙伴对自己的反应重新评价自己，开始对自己的个性形成新的印象。于是，孩子开始以许多不同的方式来表达和强调自己的个性。

杰克，5岁。即使一大群孩子正在做一件事，他如果不喜欢，也不会去做，这样就表现出了他的个性。他不喜欢把手弄脏，所以不吃巧克力。他不玩胶水，因为怕胶水糊在手上。

亚历克斯，6岁。他通过画画、写字、搭积木和言行来展示个性。他不会委曲求全，他不喜欢踢足球，就从来不踢足球。

孩子还会通过挑选衣服来显示个性，因为衣服也是一种表现个性的形式，会影响人们对他（她）的第一印象——孩子现在越来越认识到这一点了。

费边，5岁。上台时，他只穿灯芯绒裤子，后来又变成穿深兜短裤（能把他的"神奇宝贝"卡放进去）。我无法说服他穿他不喜欢的衣服。

妮珂拉，6岁。如果穿着不喜欢的衣服，剪了头发或扎着辫子让人看到时，她会感觉很不自在。

年幼的学龄儿童经常维护自己和他人（朋友或同胞等）的利益。他们的独立意识现在非常强烈。一些孩子也许比其他孩子更愿意发挥独立性。总的来说，大部分孩子在觉得受人冤枉时会尽力为自己辩护。比起年龄较小的孩子，不太容易说服这个年龄的孩子做自己不喜欢做的事。有时这个年龄段的孩子在维护自己或关心的人时，会出乎意料地争强好胜。

费边，5岁。他很文静，但很有毅力。这周上学时，他不小心把"神奇宝贝"卡片带到身上。在校车上，7岁的里奥尽力说服费边替他来保管卡片。费边马上坚决说，他想让凯蒂（正在开车）把卡片带回家交给妈妈。在这个过程中，里奥给费边施加了很大压力。凯蒂说，她对费边的坚持己见感到非常吃惊。

阿曼达，6岁。她个性很强，又很关心人。如果有人找她兄弟姐妹的茬儿，她就站出来主持大局，并把事情摆平。

妮珂拉，6岁。她非常自信。现在，她和老师的主要冲突是关于是否能扎马尾辫上学。妮珂拉绝对不会向老师屈服。

■■■ 基于规则的游戏在帮助孩子理解长大后要遵守的社会规则方面具有非常重要的作用。孩子还会发明一些游戏，来掌握成人生活中的一些惯例。

08 守游戏规则

孩子要坚持个性，还要学会与他人合作，特别是与小伙伴合作。这时候，在小伙伴群中，要建立大家认可的具有权威性和组织性的等级制度。独立意识强、威信比较高的孩子往往会成为"孩子王"，处于孩子群的中心，而其他孩子也愿意成为"小跟班"，找到适合自己的位置。这两种角色对小伙伴群的成功运作都很关键，而且同一个孩子在不同小伙伴群中担当的角色往往不大相同。

在两个小伙伴群里，因为乔基年龄最大，她是其他小伙伴的领导者；但在其他由较大孩子组成的小伙伴群里，她往往是小跟班。

无论孩子在小伙伴群里充当什么角色，他们在成人直接监管下的时间越来越少，现在大部分时间都在和小伙伴一起玩耍或者"闲逛"。这时候，孩子玩的游戏往往有严格的规则：规定了能做什么、不能做什么。这种游戏，参加的孩子很多，而且持续时间也比他们早些时候玩的角色扮演游戏要长得多。在6岁之前，孩子经常在一瞬间就改变游戏规则，但现在，游戏规则一般都是玩游戏之前约好的，而且他们会一直遵守。大家都得遵守这些规则，如果有人不经大家同意就改变规则，就会被认为是欺骗。游戏规则对这个年龄的孩子来说非常重要。

卡里尔，7岁。游戏时，他制定了异常复杂的规则，没人能遵守。

事实上，基于规则的游戏在帮助孩子理解长大后要遵守的社会规则方面具有非常重要的作用。遵守游戏规则并最终获得胜利，这一过程有助于孩子遵守并努力完成事先在脑海中设定的目标，并使他们在游戏中明白如何作为个人而努力，如何作为团队成员而努力。在这种情况下，孩子可以达到实现个人意愿（如想赢）和遵守集体规则的平衡，这有助于他们理解社会规则。孩子甚至还会根据成人生活中的一些规则发明一些游戏，来了解、掌握成人生活中的一些惯例，规范自己的行为，学会对自己的行为负责。

妮珂拉，6岁。哥哥克里斯托弗，10岁。他们和奶奶吃饭时偶尔会玩一种游戏：假装自己中规中矩，已经成了成人了。

孩子在游戏中相互影响，促进了孩子对其他玩伴思想、意图和行动的理解。虽然他们之间会发生摩擦，但他们可以因此学会谈判、妥协和讨论的技巧。这些技巧在现实世界中非常重要。

霍莉，7岁。她过去常常因为衣服与我闹矛盾，但现在她明白了冲突的真正原因。如果我说这样穿不妥，她现在能理解。她的审美观与我极不相同，但我们不得不相互妥协。

孩子虽然会遵守小伙伴们制定的游戏规则，但他们的独立意识日益增强，在家里反而变得越来越叛逆，不断"挑战"父母定下的规矩。

妮珂拉，6岁。她凡事坚持自己动手，唯独不想打扫自己卧室。她的叛逆心理强，拒绝穿妈妈买的衣服，甚至有时目空一切，无论如何不肯让步。

西奥，7岁。他非常叛逆，总是试图按照他的方式行事。他不愿洗澡，但进浴室后又不愿出来。

科里，7岁。他叛逆心理很强，不让干什么，他偏要干什么。比如，我刚和他说了不要摔门，他就"砰"的一声摔门而去。不过他在学校很乖，简直可以说是太文静了。

如上所述，科里的行为在这个年龄的孩子中非常普遍。孩子往往愿意遵守权威人士制定的规则，不愿遵守父母制定的规则。来看看下面的日记摘选。

霍莉，7岁。西奥，5岁。他们似乎在家和在校是两个样子。在学校，他们显然是道德模范；在家里，两人则相互对骂，打打闹闹，根本不像在学校表现得那么好。
有人在学校捣蛋被交给班主任，这给西奥（7岁）留下了极深的印象。所以，他在学校从不调皮捣蛋，也知道在学校绝对不能说脏话。但在家里，他却不停地说脏话。

这个年龄孩子的叛逆往往体现在说脏话上，虽然知道不能说脏话，甚至根本不理解一些脏话的意思，但他们还是要说。

泰费，8岁。她在大庭广众下或在奶奶面前总是一句一个"狗屎"，一句一个"他妈的"，简直太糟糕了。

马克斯，7岁。他从学校学了些脏话，回家后就乱骂。他说"靠"及其他骂人的话。他知道这样做不对，在家在校都不允许说这些。我觉得，他有时这么说是为了"挑衅"或"装酷"。

西奥，7岁。18个月前他就会说"靠"了，一直说到现在。我实在受不了，就给他讲了"靠"的真正意思，他以后再也不说了。

丹妮尔，8岁。她开始在学校学说脏话。她问我"靠"是什么意思，不过我只听到她说过一次"他妈的"。

现在，孩子也开始拒绝遵守父母定的一些规矩，尤其是看到有些成人也不守这些规矩时。

西奥，7岁。他知道我认为有些规则比较愚蠢。例如，公园里不能骑自行车，这让孩子很伤心，于是我就让他们骑，直到管理员叫停下来为止。今年夏天，我们参观了苏格兰的一座城堡，里面有座美丽的花园。不幸的是那里有"请勿践踏草坪"的标语，我说这个规定很愚蠢，于是西奥就走进草坪了。我只好解释说，我认为这些规定很愚蠢并不是说就可以不遵守这些规定。

随着渐渐长大，孩子越来越独立，也开始理解，虽然规则是组织平稳运行的必备条件，但有些规定过于刻板。尽管孩子们还会花大量时间玩这些有规则的游戏,但现在他们会心平气和地适应和修改游戏规则——只要小伙伴们比较民主,同意作出修改。

与此同时,孩子开始对道德和行为做出自己的判断。如第四章所述,他们现在可以同时考虑一件事的多个方面,可以对这些方面进行对比分析——这对道德推理和独立意识的发展具有重要意义。现在,孩子在进行道德判断时,可以同时权衡多种因素,做出简单而明智的选择。

▉▍ 7~8岁时，孩子明白，对自己的行为负责是对他人的义务，而且孩子也在不断形成强烈的是非观念。孩子有了个人责任感，驾驭自己行为的能力也相应提高。

09 个人责任感

为了与小伙伴打成一片，孩子必须学会与大家和谐相处。这时候，他们会找到实现个人独立目标产生的积极感受，与外界束缚和非议产生的消极感受之间的平衡点，学会对自己的行为负责。这是独立自主必不可少的一大步。

凯思莲，6岁。她是非分明，敢于对自己的行为负责。

在这个过程中，孩子必须在内心建立一套标准，并以这套标准来判断自己的行为对错，相应地产生内疚感或愉悦感。7~8岁，孩子有了骄傲、内疚或害羞等复杂情感，即使导致这些感情的行为不易被他人察觉。当行为被别人发现和评价时，孩子往往能强烈地体会到这些情感。7~8岁的孩子现在开始谈论自豪感或羞耻感，而较小的孩子只能谈论别人是不是因为他们感到自豪或羞愧。

霍莉，7岁。她常常争吵，但几天之后又会为此道歉。如果随后想到以前的事，她会说："我那天表现不好，是不是？"

这种内省可以使孩子对个人行为负责，反过来也提高了他们的能力意识，赋予了他们更大自由。这时孩子明白，对自己的行为负责是对他人的义务，而且孩子也不断形成强烈的是非观念。

安妮米卡，7岁。她责备我不让她在学校交朋友。

罗里，7岁。他用礼品盒里装满旧玩具，想作为圣诞礼物送给福利院的小朋友——现在他的社会责任感越来越强了。

双胞胎阿米利亚和泽哈伊，9岁。如果我说我们要做一件事，但后来我没有做，在他们看来，这简直就是对世人的背叛，认为我在"撒谎"。引用阿米利亚的话来说："我记得你说过你不撒谎，但现在你撒谎了！"

孩子有了个人责任感，驾驭自己行为的能力也相应提高。这一点，可以从这个年龄孩子解决道德和规则两难问题的例子可看出。这时候，孩子必须选择是否对平时尊敬和服从的人所定规则明知故犯。

给孩子讲一个故事，在故事里说，只要不在上学路上停留，妈妈就让他（她）自己去学校，结果在路上恰巧碰到了需要帮助的小朋友。进退两难的是，要不要停下来帮忙。如果这样做，就违背了妈妈的规定。这种情况下，较小的孩子一般会说应该听妈妈的话，不应该停下来；而大点的孩子则会说应该停下来帮忙，觉得碰到新情况，妈妈的命令在这种情况下可以不听。孩子如果能做出后一种判断，说明他（她）就具有了对自己行为负责的能力，也说明他（她）具有了成人独立性所体现的自我控制能力。

当然，孩子能承担多少责任的变化范围非常大，但父母和看护人一般都能很好地判断出孩子可以信任的独立程度和责任范围。大约8岁时，大部分孩子掌握了照顾自己的基本能力，包括穿衣服、接电话、吃饭、玩耍，有时还可以不用看管在外面玩耍。不过，这主要取决于他们居住的环境和玩耍场所是否安全。

去年，我的孩子们就开始和邻居的孩子在门前的小路上玩。大约有12个孩子经常在一起玩。他们还制定了些规矩，比如必须在25号和41号路段之间玩。我们做父母的稍微有点担心，就远远跟着，但我们愿意给孩子更多的独立和自信。

莫杰塔，8岁。她偶尔自己去上学或到街角的商店（步行5分钟路程），希望获得更多独立的机会。她非常想去街上玩和闲逛，因为担心不安全，我就不让她这么做。

▋▋ 到8~9岁时，孩子的朋友群就建立了内部动态机制，孩子经常与同龄人相互比较，从而对自己的价值形成总体印象。

10
追求理想我

随着独立意识的不断增强，孩子开始逐渐离开父母或其他看护人的视线，与他们之间的关系也发生了许多变化。父母对孩子的关爱越来越少，拥抱、亲吻的次数也在不断减少，这可能与孩子觉得在大庭广众之下"受宠"有点难为情有关。孩子认为这样做就是"把自己当成小孩"——这可是孩子具有独立意识后最不愿意看到的事情。

泰费，8岁。她在电池需要充电时才会一直抱着我，直到她说，"乒！充好了！"上次因为我吻她太多，抱她太久，她就很生气。早上上学时，如果我和她吻别，过分关心她（绝对不允许）或在别人面前谈论她——即使是表扬，她也会觉得很难堪。

正因为如此，8~9岁的孩子如果受到朋友排挤或者觉得父母做了一些让他们出丑的事，会觉得难堪。

丹妮尔，8岁。如果被老师点名，她会有点难为情。

莫杰塔，8岁。如果我当着别人的面责备她，她会觉得很难堪。

马克斯，9岁。如果我唱歌跳舞，他会觉得很难堪。而我在学校工作这件事，更让他觉得很尴尬。

玛丽，9岁。她说"妈妈骂司机"让她觉得很丢脸。

小伙伴群对孩子社交能力的发展发挥了极其重要的作用。除提供了与自己对比的标准外，还教孩子学会了互相尊重。到8~9岁时，孩子的朋友群就建立了内部动态机制，孩子经常与同龄人相互比较：从情感、智力、社交能力和体力等各个方面评价自己的能力，从而对自己的价值形成总体印象。

刚开始时，孩子经常大声宣布比较结果："我跳得比你高""我画得最好"……很快，孩子就会认识到，人们不欢迎自吹自擂，并在此基础上学会在不惹恼其他孩子的情况下更微妙地进行比较，从而提高自我认同意识和自尊意识。孩子们也越来越在乎自己在朋友中的地位和在别人心目中的印象。

萨拉，8岁。她非常合群，想做她认为8岁女孩应做的所有事情。她做事是为了给朋友留下深刻的印象，而不是为了展示自己的个性。

有趣的是，从8岁以后，孩子的自我评价就往往与老师、朋友对他们的评价基本一致。孩子也会在脑海中勾勒出了自己想成为的样子——"理想我"，并与自己认为的"现实我"对比。如果二者之间差距不大，他们会以"理想我"为动力，付诸努力提高自己；如果差距太大，就会有点气馁，甚至自尊心可能受到打击。但是，这个年龄的孩子在成为"理想我"的努力过程中，有时会千方百计地讨人喜欢和表现得更好一点。

乔丹，8岁。他最近开始自己收拾房间（以前可从来没这么做过）。

雅丹，9岁。即使生病了，她还帮我做早餐，为我庆祝生日。

塔列辛，9岁。他在我上班前换衣服时赞美我。如果我醒来背疼，他就帮我按摩。

孩子的独立意识越来越像成人了，还表现在他们处理冲突的方式上。这时候，孩子遇到困难后表现得更成熟：如果达不成目的,也不会一味地哀求、大喊大叫或打人。当撒谎被揭穿或发生其他矛盾时,孩子开始与父母争辩或指出父母的过失。

萨拉,8岁。她喜欢争辩到底。

莫杰塔,8岁。她有时很叛逆,凡事想争辩到底,甚至有时有点没完没了。

泰费,8岁。她有点过于自信。她的自我意识很强,绝不会轻易服输,大部分情况都是固执己见。

麦肯齐,9岁。如果认为我错了,他会顶嘴。

卡斯帕,9岁。他不停地叫我不要吸烟,因为吸烟对身体不好。他正处于前青春期,我叫他做事时,他经常会说"不公平""不想做""真无聊"这样的话。

■■■ 进入青春期后,孩子的独立意识越来越强,责任感也越来越强,这时候,孩子也变得更加理想化,渴望做自己认为对的事。

11 独立的人生

进入青春期后,孩子的独立意识越来越强,责任感也越来越强,希望能帮着父母干点家务。一些孩子甚至不用吩咐,也会主动做点力所能及的小事。

> 乔纳森,9岁。有天我给小孩子洗澡,因为有点赶时间,不用我吩咐,他就主动跑去给他们拿睡衣。

总而言之,孩子现在与父母在一起的时间越来越少。除了在校时间外,青少年与朋友在一起的时间是与父母在一起时间的2倍。朋友圈扩大了,孩子之间的友谊也越来越密切。相互信任和忠诚使他们能够分享对父母绝对保密的事。

克里斯托弗，10岁。当我问他有什么秘密不能告诉我时，他回答道，"我不说！"

罗温，11岁。他对自己做的一些事，特别是一些本来就知道不该做的事能保密。

伊摩琴，13岁。她对朋友做的事能保守秘密。

这些友谊非常重要，青少年通过与朋友交流，敞开心扉分享自己内心的想法和感受，实现自我定位和认同。女孩之间的友谊常比男孩之间的友谊更亲密，男孩往往与众多朋友建立比较松弛的友谊。但友谊对男孩女孩都同等重要，因为他们要离开家人的呵护，真正建立自己的生活。

14岁时，孩子可以更深入地考虑别人的观点，更深入地考虑社会问题、道德问题、政治问题，他们更清醒地认识到一些人的行为不符合规定。这时候，孩子也变得更加理想化，渴望做自己认为对的事。

伊摩琴，13岁。她观点鲜明，性格坦率，敢于畅所欲言，能够大胆表达个性。

少年时代并不是那么一帆风顺，青少年总是被各种自我疑惑所困扰。青少年时期，犯错成了一种生活方式，孩子开始故意与成人疏远，经常通过服装、语言和态度等打破许多成人的惯例。令人啼笑皆非的是，在努力标榜自己与众不同和独立性的同时，大部分青少年却是简单地与他们的小伙伴保持一致，但这仍然代表孩子完全摆脱了父母的看护，实现了独立。

再过几年，这些孩子就长大成人，可以完全独立地生活，也可以自己做出诸如择业、上大学、找工作等人生的重大决定了。一旦他们能够养活自己，就可能从家里搬出去，寻找自己的归宿。这时候，孩子学会了读心，掌握了说谎技巧，明白了自己的性别角色，能够自主思考和彻底理解人类生命周期，也就成为了事事精通、自我管理、独立自主的社会成员。到这一天时，孩子就长大成人了，成了真正独立自主的成人。

孩子学会了读心，掌握了说谎技巧，明白了自己的性别角色，能够自主思考和彻底理解人类生命周期，也就成为了事事精通、自我管理、独立自主的社会成员。到这一天时，孩子就长大成人了，成了真正独立自主的成人。